Schlagfertigkeit

Die besten Werkzeuge für Abwehr und Konter

Peter Kenzelmann

So nutzen Sie dieses Buch

Die folgenden Elemente erleichtern Ihnen die Orientierung im Buch:

Beispiele

In diesem Buch finden Sie zahlreiche Beispiele, die die geschilderten Sachverhalte veranschaulichen.

Definitionen

Hier werden Begriffe kurz und prägnant erläutert.

! Die Merkkästen enthalten Empfehlungen und hilfreiche Tipps.

Auf den Punkt gebracht

Am Ende jedes Kapitels finden Sie eine kurze Zusammenfassung des behandelten Themas.

Inhalt

Vorwort

Sicher kennen Sie das: Sie sprechen mit einem schwierigen Mitarbeiter, einem hitzigen Kunden oder einem verärgerten Kollegen. Ein Wort ergibt das andere. Ein überraschend harter Satz Ihres Gegenübers fällt und Ihnen fehlen die Worte. Schlimmer noch: Stunden später denken Sie: „Hätte ich doch nur ...".

Schlagfertigkeit ist die Kunst, jederzeit die richtigen Worte zu finden, schwierige Situationen charmant zu entspannen oder im richtigen Augenblick das treffende Argument zu finden. Es gibt eine gute Nachricht: Schlagfertigkeit ist erlernbar. Und dieses Buch hilft Ihnen dabei. Nicht mit einer Sammlung schlauer Sprüche, sondern mit Tipps, Ideen und Techniken, die Ihnen helfen, Ihre ganz persönliche Schlagfertigkeit zu entwickeln.

- Erfahren Sie mehr über die Grundlagen erfolgreicher Schlagfertigkeit!
- Entdecken Sie eine Vielzahl anwendbarer Tricks und Kniffe – für Büro und Privatleben!
- Trainieren Sie Ihre ganz persönliche Schlagfertigkeit!
- Verwenden Sie die Sofort-Tipps, um Anregungen blitzschnell umzusetzen.

Nach der Lektüre dieses Buchs werden Sie eine Sammlung hilfreicher Werkzeuge für schlagfertige Antworten gefunden haben. Nutzen Sie sofort umsetzbare Tipps und sehen Sie schwierigen Situationen gelassener entgegen!

Schlagfertigkeit – Was ist das?

Jeder kann seine Schlagfertigkeit steigern. Auf den folgenden Seiten erfahren Sie zunächst, was diese besondere Fähigkeit ausmacht. Entdecken Sie außerdem die Grundregeln der Schlagfertigkeit, erfahren Sie mehr über die Wirkung, aber auch über die Grenzen und Gefahren angewandter Schlagfertigkeit!

Schnelligkeit statt Perfektion

Stets eine schnelle, schlagfertige Antwort auf den Lippen zu haben, das wünschen sich wohl die meisten Ihrer Mitmenschen. Nicht jedem wurde jedoch Schlagfertigkeit in die Wiege gelegt.

> *Mit Verzögerung*
>
> *„Das war ja wieder klar", sagt Herr Vogel aus der Verkaufsabteilung zu Frau Krause, „Sie haben die Artikelliste immer noch nicht fertig." Frau Krause ist sprachlos, musste sie doch seit Stunden eine andere wichtige Präsentation für ihn vorbereiten. Erst während des Mittagessens fällt ihr eine passende Antwort ein.*

In diesem Buch finden Sie keine perfekten Lernsätze, die Sie bei passender Gelegenheit hersagen können. Vielmehr geht es darum, Ihre Schnelligkeit zu steigern. Denn für die meisten bedeutet Schlagfertigkeit immer noch „das, was einem hinterher einfällt". Doch die beste Antwort nützt nichts, wenn sie zu spät kommt. Frau Krause sollte also –

um das oben stehende Beispiel aufzugreifen – lieber mit einem kurzen „Ja, das stimmt, ich bin noch nicht so weit. Bis wann brauchen Sie die Liste denn?" oder einem schnellen „Oh, Sie scheinen die Artikelliste ja dringend zu brauchen..." zu parieren, anstatt stundenlang über eine geschliffene Antwort zu grübeln.

Oft höre ich die Aussage: „Das wäre die perfekte Antwort gewesen". Aber gibt es sie wirklich – die perfekte Antwort? Die beste Antwort ist jene, die zu Ihnen passt.

Schlagfertigkeit bedeutet vor allem, Ihre Ideen in Worte zu fassen und nicht, perfekte Sätze zu formulieren. Verabschieden Sie sich von ausgefeilten Formulierungen und konstruierten Schachtelsätzen. Reagieren Sie so einfach wie möglich.

Auf den Punkt gebracht

Vergessen Sie die perfekte Antwort! Sie punkten nicht mit aalglatten und geschliffenen Antworten, sondern mit Worten, die zu Ihnen passen. Lieber schnell mit einer halbwegs passenden Erwiderung reagieren, als lange über eine perfekte Antwort nachzudenken.

Durch Schlagfertigkeit punkten

Wer schlagfertige Antworten liefern kann, punktet – beruflich wie privat. Denn schlagfertigen Menschen werden viele positive und wünschenswerte Eigenschaften zugesprochen. Sie wirken meist erfolgreicher, attraktiver, kompetenter.

Schlagfertigen Menschen gelingt es scheinbar mühelos, ihre Persönlichkeit und ihre Kommunikationsfähigkeit in jeder Lebenslage erfolgreich einzubringen und andere Menschen so für sich zu gewinnen. Und: Schlagfertigkeit bedeutet auch, mit Einschüchterungen, Unverschämtheiten und harter Kritik souverän umzugehen.

Das Klassentreffen

Markus Meier betritt den Festsaal, in dem das Klassentreffen stattfindet. Kaum hat er den Saal betreten, kommt ihm auch schon sein ehemaliger Mitschüler Frank Schmidt entgegen und schüttelt ihm kräftig die Hand, während er zur Begrüßung ruft: „Mensch, alter Junge. Du kannst dir wohl immer noch keinen ordentlichen Anzug leisten, was?". Markus fehlen die Worte.

Viele Menschen haben das ungute Gefühl, von der Natur nicht mit genügend Schlagfertigkeit ausgerüstet zu sein. Doch Selbstmitleid hilft hier wenig. Glücklicherweise zeigt die Realität immer wieder, dass letztlich jeder Mensch schlagfertig werden kann. Das geschieht sicherlich nicht von heute auf morgen und auch nicht im Schlaf, aber mit ein bisschen Übung und der richtigen Einstellung zu den eigenen Fähigkeiten kann es tatsächlich jedem gelingen.

!

Sofort-Tipp

Mit Schlagfertigkeit demonstrieren Sie einen bewussten und originellen Umgang mit Sprache und schwierigen Gesprächssituationen. Wer schlagfertig ist, setzt seiner Persönlichkeit und seinem Kommunikationsgeschick also das i-Tüpfelchen auf.

Schlagfertigkeit kann sehr effektiv dabei helfen, auch in schwierigen Situationen die Oberhand zu behalten, das eigene Anliegen und die eigene Person gegenüber anderen souverän zu behaupten und auch verbale Angriffe zu parieren, ohne gleich mit der Verbalkeule zum Gegenangriff auszuholen

Darüber hinaus geht es nicht nur um den bewussten und souveränen Umgang mit Sprache – Schlagfertigkeit kann und darf sogar Spaß machen. Bereichern Sie mit einer Extraportion Schlagfertigkeit doch einfach Ihr Leben und gewinnen Sie Freude an Ihrer eigenen immer schneller werdenden Reaktionsfähigkeit!

Da Schlagfertigkeit häufig mit einem Augenzwinkern daherkommt, ist sie auch eine wirkungsvolle Strategie, um Angriffe zu entschärfen. Angespannte Situationen lassen sich häufig schon mit wenigen Worten günstig beeinflussen. Und wer möchte – oder kann – auf solche Möglichkeiten schon verzichten?

Sofort-Tipp

Jeder kann seine Schlagfertigkeit steigern. Dieses Buch wird Sie dabei unterstützen, in den entscheidenden Zehntelsekunden eine gute und schlagfertige Antwort zu finden. Doch ganz ohne Training wird es nicht gehen. Seien Sie jedoch gespannt: Die ersten Erfolge werden schon bald sichtbar.

Das Lesen dieses Buches kann natürlich nur der erste Schritt für Sie sein. Um sichtbare Erfolge zu verzeichnen, kommt es darauf an, das, was Sie gelesen haben, auch konsequent umzusetzen und die Tipps mutig auszuprobieren. Sie werden sehen, wie Sie Schritt für Schritt Ihre Fähigkeit, spontan und originell zu antworten, ausbauen werden. Doch eines ist dabei gewiss: Schlagfertigkeit ist und bleibt eine Sache der Übung. Denn: Reaktionsschnelligkeit, Auffassungsgabe und Sprachgewandtheit, die zu den wesentlichen Grundlagen der Schlagfertigkeit gehören, brauchen ein gewisses Training. Ohne praktische Anwendungen hingegen werden sämtliche Ratschläge, die Sie hier lesen können, wirkungslos bleiben, und Schlagfertigkeit wird weiterhin das sein, was Ihnen hinterher einfällt.

Auf den Punkt gebracht

Jeder Mensch kann schlagfertiger werden und so souveräner mit Angriffen und Unverschämtheiten umzugehen. Doch es geht nicht nur um Verteidigung und Angriff. Schlagfertigkeit soll und darf auch Spaß machen. Trainieren Sie und gewinnen Sie Stück für Stück Spaß an schnellen und gelungenen Antworten!

Schlagfertigkeit – mehr als flotte Sprüche

Erinnern Sie sich noch an den Spruch von Frank Schmidt auf dem Klassentreffen? Wie könnte eine schlagfertige Antwort von Markus aussehen? Und wie würde sich das Gespräch zwischen den beiden ehemaligen Schulfreunden daraufhin entwickeln? Sicher, es hängt immer auch vom eigenen Temperament und der aktuellen Gemütsverfassung ab, welchen Charakter die konkrete Antwort schließlich haben wird. Wenn Markus gut gelaunt und selbstbewusst zum Klassentreffen gekommen ist, wird seine Antwort wahrscheinlich etwas mutiger und humorvoller ausfallen. Ist er hingegen bereits mit einem unguten Gefühl zum Treffen gefahren, wird er vermutlich etwas zurückhaltender sein. Letzteres muss nicht bedeuten, dass es ihm an Schlagfertigkeit mangelt – auch weniger provokante Antworten können unter den richtigen Umständen schlagfertig sein. Der leider immer noch viel zu häufig gewählte Rückzug wird hingegen kaum Erfolge bescheren.

Stellen Sie sich vor, wie Markus unsicher lächelnd dem herausfordernd grinsenden Frank gegenübersteht und kleinlaut antwortet: „Das ist doch ein guter Anzug, ich weiß gar nicht, was du hast. Und so billig war der auch nicht." Diese Erwiderung auf die kleine Verbalattacke wird wohl kaum den gewünschten Eindruck hinterlassen. Frank wird sich vielleicht sogar noch ermuntert fühlen, noch einen draufzusetzen. Man möchte sich gar nicht vorstellen, wie der Abend für Markus weitergehen würde.
Welche schlagfertige Antwort auf die bissige Begrüßung auf dem Klassentreffen wäre denn denkbar?

Frank: „Mensch, alter Junge, Du kannst Dir wohl immer noch keinen ordentlichen Anzug leisten, was?"

- *Ich brauche noch immer keinen teuren Anzug, ich halte es eher mit den inneren Werten.*
- *„Alle großen Männer sind bescheiden." – das sagte schon Lessing, wie Du ja sicher noch weißt.*

- *Dafür sind meine Schuhe aber blitzblank geputzt!*
- *„Das Glück gibt dem einen eben die Nüsse, dem anderen die Schalen", heißt es in einem Sprichwort. Und das scheint ja hier wohl der Fall zu sein.*
- *Doch, natürlich – den ziehe ich aber nur bei wichtigen Terminen an.*
- *Na dann passen wir beide doch richtig gut zusammen heute Abend.*
- *Mir ist mein faltiger Anzug jedenfalls lieber als Dein faltiges Gesicht.*

Mit einer schlagfertigen Antwort von Markus wird sowohl der verbale Angriff des Gegenübers kurz und knapp gekontert als auch die eigene Souveränität gewahrt, da die ursprüngliche Attacke ihre Wirkung verfehlt hat. Außerdem beenden der Überraschungseffekt (Frank hat nämlich höchstwahrscheinlich auf eine kleinlaute Verteidigung spekuliert) und das Tempo der Parade kurzerhand die angespannte Situation, und die beiden Ehemaligen können ein „normales" Gespräch beginnen.

Aber Achtung: die Reaktionen auf die einzelnen Antworten wiederum können sehr verschieden ausfallen und den weiteren Gesprächsverlauf deshalb auch auf ganz unterschiedliche Weise beeinflussen – und zwar nicht in jedem Fall positiv. Gerade die beiden letzten Reaktionen sind nicht unbedingt Musterbeispiele feinsinniger Kommunikation. Sie gehören eher in die Kategorie „Verbalkeule", denn mit diesen Antworten wird versucht, den Angreifer mit einem direkten Gegenangriff einfach mundtot zu machen. Doch das kann und sollte nicht das Ziel von Schlagfertigkeit sein.

Eine Beleidigung wie die Anspielung auf die nicht mehr ganz jugendlichen Gesichtszüge von Frank wird dieser ganz sicher nicht auf sich sitzen lassen. Er wird wahrscheinlich nach einer Entgegnung suchen, die die Auseinandersetzung zwischen den beiden erst so richtig in Fahrt bringt. Im schlimmsten Falle entwickelt sich daraus ein echtes Streitgespräch, das auf einem Klassentreffen nun wirklich nichts zu suchen hat.

Ist diese Form der Schlagfertigkeit also überhaupt angemessen? Wohl kaum. Sie trifft zwar durchaus das Ziel, doch der Schaden, den sie anrichtet, ist mit Sicherheit schwerwiegender als der Erfolg, den Markus für sich verbuchen könnte.

Sofort-Tipp

Schlagfertigkeit soll das Gegenüber nicht k. o. schlagen, sie soll nicht provozieren, sondern letztlich die Gesprächssituation entschärfen. Schlagfertigkeit bedeutet: kurz, knapp und souverän mit Angriffen umzugehen.

Anders verhält es sich jedoch mit den ersten fünf Antworten. Hier wird nicht gleich zum Gegenschlag ausgeholt – der Angriff wird einfach souverän und elegant abgefangen, zum Teil noch mit einer Prise Humor und Selbstironie gewürzt. Die Reaktionen darauf werden entsprechend ausfallen: Die beiden ehemaligen Freunde werden gemeinsam darüber lachen oder zumindest schmunzeln. Niemand fühlt sich angegriffen, und noch bevor die Wogen richtig aufwallen konnten, sind sie bereits wieder geglättet.

Humor – in wohldosierter Form – ist in solchen Fällen oft sehr hilfreich, doch er ist nicht zwingend notwendig, um schlagfertig zu sein. Schlagfertigkeit bedeutet letztendlich auch nicht nur, einen originellen Witz zu landen. Es geht um viel mehr als bloß um ein paar flotte Sprüche.

Entscheidend ist, dass Sie Ihre Souveränität aufrechterhalten. Bei diesem Klassentreffen wäre der Verlust der Souveränität zwar unangenehm, doch weiterhin vermutlich nicht besonders tragisch.

Ganz anders sieht dies jedoch in Gesprächssituationen aus, die sich beispielsweise im beruflichen Rahmen bewegen. Wer sich hier in Auseinandersetzungen, Verhandlungen, Präsentationen oder Diskussionen durch den verbalen Angriff eines Gesprächspartners aus der Bahn werfen lässt, wird unversehens seine Souveränität einbüßen und es in der Folge sehr schwer haben, sein Anliegen durchzusetzen. Gerade in sehr schwierigen Gesprächen kann Schlagfertigkeit daher unter Umständen sogar zum ausschlaggebenden Faktor für den Gesprächserfolg werden.

!

Sofort-Tipp

Schlagfertigkeit mit Humor kann Missgeschicke sympathisch wirken lassen. Nehmen Sie sich daher selbst nicht zu ernst! Aber: Verlieren Sie auch nicht Ihre Souveränität, indem Sie den Witzbold mimen!

Humor ist sicherlich das entscheidende Stichwort, wenn es darum geht, eigene Patzer oder Peinlichkeiten schlagfertig zu kommentieren, um der Situation die Peinlichkeit zu nehmen. Humor und Selbstironie eignen sich dafür am besten, weil sie eben demonstrieren, dass Sie souverän genug sind, um über Ihre Missgeschicke selbst lachen zu können. Es zeigt, dass Sie Ihre Fehler akzeptieren und dazu stehen. Nehmen Sie zum Beispiel folgende Situation:

Die unerwartete Rede

Herr Neumann wird unvermittelt dazu aufgefordert, eine kurze Ansprache zu halten. Er erhebt sich von seinem Stuhl und reißt dabei ein Wasserglas um, das seinen Inhalt über den Tisch und seine Hose ergießt. Unsicher und etwas bekleckert steht er da und hört die ersten Leute bereits verstohlen kichern, während er verzweifelt nach Worten ringt. In dem Moment fällt ihm ein glorreicher Satz von Mark Twain ein, und er beginnt seine Rede mit folgenden Worten: „Meine Damen und Herren, wie Sie sehen können, bin ich der beste Beweis dafür, dass Mark Twain ein äußerst scharfsinniger Mann war, als er folgende Einsicht formulierte: ‚Das menschliche Gehirn ist eine großartige Sache. Es funktioniert bis zu dem Zeitpunkt, wo du aufstehst, um eine Rede zu halten.' Ich verspreche Ihnen, mich trotzdem zu sammeln und ein paar zusammenhängende Sätze zu finden …".

Die Sympathiepunkte und die Anerkennung hat Herr Neumann mit diesen Anfangssätzen sofort auf seiner Seite und sämtliche Unsicherheiten werden ihm vermutlich umgehend verziehen. Ohne seine Unsicherheit zu verleugnen, hat er auf diese Weise seine Souveränität gewahrt und gleichzeitig eine Peinlichkeit abgewendet.

Auf den Punkt gebracht

Schlagfertigkeit ist nicht selten eine Gratwanderung, da die Grenze zum beleidigenden Tiefschlag oft nicht weit entfernt liegt. Eine schlagfertige Antwort kann kurz und knapp sein, der respektvolle Umgang mit dem Gegenüber darf jedoch auch beim verbalen Schlagabtausch nicht verloren gehen. Humor in Verbindung mit einer souveränen Antwort ist ein ausgezeichnetes Mittel, um schwierige Situationen zu entschärfen.

Bitte nicht auf Kosten des Anderen

Angriffe und die entsprechenden Reaktionen sind oft sehr persönlich und emotional. Sie zielen kaum auf den Austausch von sachlichen Argumenten, sondern hier ist in erster Linie die Beziehungsebene von Bedeutung, denn Auseinandersetzungen, auf die schlagfertig reagiert werden muss, bewegen sich genau hier.

Im Grunde genommen betreffen solche Angriffe immer das Verhältnis der Gesprächspartner zueinander. Nehmen wir zum Beispiel das Gespräch zwischen Markus und Frank: Hier ging es wohl kaum um die Qualität von Anzügen, sondern darum, wer von beiden den höheren Status innehat, wer mehr erreicht hat im Leben, wer „wichtiger" ist.

Die Beziehung zwischen zwei Kommunikationspartnern ist also meist eine sehr sensible Angelegenheit. Aus diesem

Grund sollte man bei schlagfertigen Reaktionen immer auch ein besonderes Augenmerk auf die möglichen Folgen für die jeweilige Beziehung richten.

„Schlagfertigkeit soll treffen, nicht schlagen."[1] Auch wenn der Begriff „Schlagfertigkeit" zunächst etwas anderes suggeriert, ist die Kampf-Rhetorik, die um jeden Preis einen rhetorischen Sieg erzwingen will, inzwischen glücklicherweise weitestgehend out. Ziel ist vielmehr, das Gegenüber mittels Geistesgegenwart, Esprit und überraschender Originalität in seine Schranken zu weisen.

Plumpe „Hau-drauf-Methoden" überschreiten häufig die Grenze zur Unverschämtheit und Beleidigung. Nicht selten beabsichtigen diese, den Angreifer mit dem Gegenschlag bloßzustellen und seine Person gezielt abzuwerten. Letztlich wirken sie hierdurch jedoch nur frech und unhöflich, zudem können sie die Beziehungsebene so dramatisch beschädigen, dass künftig eine erfolgreiche Kommunikation wohl ausgeschlossen sein könnte.

Sofort-Tipp !

Achten Sie darauf, Ihren Gesprächspartner mit Respekt zu behandeln! Hart in der Sache, aber ohne Angriff auf die Person.

Die Fähigkeit, bewusst zu kommunizieren, ist in unserer Gesellschaft zu einem der wichtigsten Erfolgsfaktoren geworden. Insbesondere gilt dies für schwierige Gespräche

---

[1] Neumann, R.; Ross, A.: Der perfekte Auftritt – Erste Hilfe für Manager in der Öffentlichkeit. S. 147

und Konfliktsituationen. Auch die Schlagfertigkeit sollte den Kommunikationserfolg nicht verhindern und die Beziehungsebene nicht beeinträchtigen. Dieser Anspruch leuchtet sofort ein, wenn man sich ein konkretes Gespräch vergegenwärtigt. Stellen Sie sich vor, einer der Beteiligten fährt die wirklich schweren Geschütze auf und traktiert seinen Gesprächspartner mit verbalen Tiefschlägen. Die persönlichen Verletzungen wären mit Sicherheit tief, und ein sinnvolles Gespräch wäre unmöglich. Im Berufsleben kann sich das niemand leisten, kein Geschäftsmann könnte es sich erlauben, seinen Geschäftspartner zu beleidigen, kein Chef würde eine unverschämte Retourkutsche tolerieren, kein Angestellter muss Respektlosigkeiten hinnehmen. Und auch im Privatleben will niemand eine solche Atmosphäre aufbauen, sondern einen persönlichen Umgang auf Grundlage gegenseitiger Wertschätzung pflegen.

Die Retourkutsche im Meeting

Herr Jürgens präsentiert die Planungen für das kommende Quartal. Auf den Angriff, dass die Folien doch optisch kein Leckerbissen seien, kontert er mit: „Wissen Sie, im Gegensatz zu Ihnen habe ich Besseres zu tun, als stundenlang an einer Folie rumzubasteln." In der Tat eine schlagfertige Antwort. Doch Herr Jürgens fühlt sich unwohl. Zu Recht.

Unverschämtheiten sind im Übrigen alles andere als Ausdruck von persönlicher Souveränität. Sie haben in der Kommunikation nichts zu suchen.

Daher der Rat: „Überlegen Sie bei jeder zwischenmenschlichen Begegnung, welches Ihr Ziel ist: Wollen Sie den anderen fertigmachen, ihn zerstören, ihm zeigen, wer der Chef ist? Oder wollen Sie fair verhandeln und durch Begeisterung überzeugen? Wollen Sie wirklich demjenigen nie wieder in die Augen blicken können, weil Sie sich vielleicht im Nachhinein selbst etwas über Ihr Benehmen schämen?" Oder wollen Sie „Spaß an der Auseinandersetzung, die fair abläuft"?[2]

Auf den Punkt gebracht

Schlagfertigkeit ist ein wunderbares Mittel, um die eigene Souveränität gegen verbale Angriffe oder auch peinliche Momente zu schützen, solange dabei das respektvolle Miteinander gewahrt bleibt. Schlagfertige Antworten können die Gesprächsatmosphäre sogar äußerst günstig beeinflussen und damit auch die Beziehung zwischen den Gesprächspartnern verbessern. Denn geistreiche, faire und charmante Schlagfertigkeit bereichert Gespräche, minimiert das Konfliktpotenzial, lockert die Atmosphäre auf und zeigt, dass man miteinander auf Augenhöhe und souverän kommuniziert.

---

2 Etrillard, Stéphane: Gekonnt gekontert – Souverän, schlagfertig und fair in jeder Situation. S. 36

Schlagfertigkeit – So geht es nicht!

Sie möchten wissen, wie Schlagfertigkeit funktioniert? Ein Tipp vorab: Nicht alles, was nach Schlagfertigkeit aussieht, muss auch Schlagfertigkeit sein. Immer wieder tauchen in Illustrierten Tipps und Tricks zur Schlagfertigkeit auf. Seien Sie vorsichtig beim Anwenden solch einfacher Techniken oder Strategien! Zwar sind Patentrezepte nicht immer Teufelszeug – einige haben durchaus ihre Berechtigung –, dennoch sollten Sie vor allzu drastischen Vereinfachungen auf der Hut sein.

!

Sofort-Tipp

Primitive Techniken und vermeintliche Patenrezepte versuchen Ihnen Lösungen aufzutischen, die jede Situation entschärfen sollen. Verabschieden Sie sich jedoch so schnell wie möglich vom Gedanken an stets funktionierende Patentlösungen aus der Dose.

Es gibt keine Patentlösung, denn Schlagfertigkeit lebt davon, dass sie spontan ist, überrascht und ganz präzise die vorliegende Situation widerspiegelt. Nur so sind zielgenaue Treffer überhaupt möglich. Auch Ihre individuelle Persönlichkeit und die Ihrer Gesprächspartner haben Einfluss auf die Wirkung Ihrer Schlagfertigkeit. Mit ein paar antrainierten 08/15-Sprüchen – selbst wenn diese anspruchsvoll formuliert und auf den ersten Blick originell sind – werden Sie daher also höchsten zufällig einen Treffer landen. Doch auf den Zufall wollen Sie sich vermutlich kaum verlassen, oder?

Warum Patentrezepte nicht helfen

Ein Grundproblem von vereinfachten Lösungen wie Patentrezepten oder auch schlichten Techniken ist die Tatsache, dass sie häufig zu wenig auf Ihre ganz persönlichen Fähigkeiten eingehen können. Da diese für möglichst viele Situationen passen sollen, fehlt sowohl die Ausrichtung auf den Gesprächspartner als auch auf die Situation.

Sofort-Tipp

Die beste Schlagfertigkeitstechnik nützt nichts, wenn diese nicht zu Ihnen passt. Überlegen Sie, wie Sie wirken möchten!

So eigen jeder Mensch ist, so vielfältig sind auch seine persönlichen Eigenschaften, und so vielschichtig ist auch die jeweils individuelle Ausgangsbasis für die Schlagfertigkeit. Dass vorgefertigte Rezepte und Techniken hier nur unzureichende Wirkung zeigen können, liegt auf der Hand. Häufig halten sie nur kurzfristige oder oberflächliche Lösungen parat und treffen weder den wirklichen Kern der Auseinandersetzung noch behandeln sie die Ursache mangelnder Schlagfertigkeit.

Techniken beinhalten stattdessen oft rein äußerliche Verhaltensweisen, die Ihnen im besten Falle eine kurze Verschnaufpause verschaffen – mehr jedoch kaum. Sie verändern Ihre persönlichen Fähigkeiten genauso wenig wie die vorliegende angespannte Situation. Aus diesem Grund halten die meisten propagierten Schlagfertigkeitstechniken wohl einer Prüfung in der Praxis auch nicht stand.

Dennoch: Eine kurze Verschnaufpause ist natürlich in manchen Fällen bereits sehr hilfreich, zumindest im ersten Schritt. Und als Erste-Hilfe-Maßnahme sind Schlagfertigkeitstechniken sehr gut geeignet.

Einfache Schlagfertigkeitstechniken können

- Ihnen dabei helfen, nicht sprachlos auf eine Verbalattacke reagieren zu müssen. Sie geben Ihnen fertige Sätze oder Floskeln an die Hand, mit deren Hilfe Sie überhaupt erst einmal etwas sagen können. So bleibt Ihre Souveränität zunächst gewahrt, und Sie bleiben „im Spiel".
- Blockaden vermeiden, denn vorgefertigte Antworten sind auch ohne Nachdenken sofort zur Hand. Doch auch hier sollten die Antworten zu Ihnen passen, damit nicht jeder sofort bemerkt, dass es sich um zurechtgelegte Sätze handelt.
- wichtige Hilfestellungen für die Anfangsschritte auf dem Weg zur Schlagfertigkeit geben.

Antrainierte Techniken und auswendig gelernte Rezepte können jedoch in jedem Falle nur ein erster Schritt sein. Echte Schlagfertigkeit entsteht erst im freien Spiel mit Worten und Assoziationen[3]. Dennoch sollten Sie die wichtigsten Schlagfertigkeitstechniken kennen, um im Falle des Falles zumindest eine Notlösung parat zu haben.

---

[3] siehe auch: Peter Kenzelmann „Schlagfertig mit dem passenden Zitat"

Sofort-Tipp

Nutzen Sie Schlagfertigkeitstechniken nicht nur, um selbst eine passende Antwort zu finden, sondern auch, um Verhaltensweisen von Gesprächspartnern aufzudecken.

Diese Techniken sollten Sie vermeiden

Es gibt jedoch auch Techniken, von denen grundsätzlich abzuraten ist. Techniken, die das Ziel haben, die Person und nicht das Problem zu attackieren. Von fairer oder gar anspruchsvoller Kommunikation kann bei der Anwendung dieser Techniken nicht die Rede sein.

- **Kampf-Rhetorik:** Hier geht es allein um den persönlichen Sieg; die Sache, um die gestritten wird, ist dabei eher nebensächlich, und der Gesprächspartner wird zum Gegner, den es zu besiegen gilt. Dazu werden die Grenzen der Höflichkeit und Fairness bewusst außer Acht gelassen, die Schwächen des Gegenübers ausgenutzt und das Gespräch absichtlich emotionalisiert.
- **Manipulationen:** Das Hauptziel dieser Technik ist, den Gesprächspartner so zu lenken, dass das Gespräch den gewünschten Verlauf nimmt. Das gewünschte Ergebnis: in jedem Falle am Ende der Auseinandersetzung Recht zu haben.
- **Nonsens-Antworten:** Weniger aggressiv, aber ebenso destruktiv geht diese Methode vor. Sie besagt, man solle so unsinnig wie möglich auf einen verbalen Angriff antworten, gern auch ein vollkommen unpassendes Zi-

tat zum Besten geben, damit man das Gegenüber in möglichst tiefe Verwirrung stürzt. Dieses Vorgehen soll überraschen, den Gesprächspartner irritieren, sodass man selbst einen strategischen Vorteil erringt, weil Zeit gewonnen wird und der Spielball wieder beim Gegenüber liegt. Der inhaltlichen Auseinandersetzung verweigert sich auch diese Methode konsequent.

Diesen drei Methoden ist eines gemeinsam: Sie umgehen den inhaltlichen Kern des Gesprächs oder der Auseinandersetzung und greifen stattdessen ganz gezielt den Gesprächspartner an, um ihn und seine Argumente ohne lästiges Diskutieren auszuschalten. Hier geht es nicht um den Erhalt der eigenen Souveränität und Würde, sondern um den eigenen unbedingten Triumph und im schlimmsten Fall um die persönliche Kränkung des Gegenübers. Dass dies die Beziehung zwischen den Parteien massiv beschädigen muss, ist ebenso offensichtlich wie die Tatsache, dass bei derartigem Vorgehen alle inhaltlichen Probleme ungelöst bleiben. Angesichts solcher Methoden stellt sich stets die Frage: Was passiert eigentlich nach dem Knock-out des Gegners? Die Antwort auf diese Frage bleibt jede dieser Techniken schuldig.

Und genau das ist auch der Haken bei all diesen unangemessenen Schlagfertigkeitstechniken. Die Strategien sind zumeist so kurzfristig angelegt, dass ihre Wirksamkeit bereits nach wenigen Sekunden verfliegt. Im Ergebnis stehen sich zwei Menschen gegenüber, die immer noch das gleiche Problem haben, sich jedoch persönlich so tief verletzt haben, dass überhaupt kein Interesse mehr daran besteht, sinnvoll miteinander zu kommunizieren.

Sofort-Tipp

Denken Sie beim Verwenden einer Schlagfertigkeitstechnik auch an die Zeit NACH einer schlagfertigen Antwort, denn schließlich möchten Sie sich noch in die Augen sehen können.

Gegen diese Auffassung ist der Einwand naheliegend, dass man gegen schwere Verbalangriffe einfach auch schwere Geschütze auffahren muss, um nicht am Ende selbst der Verlierer zu sein. Dass solche aggressiven Techniken bei harmlosen Sticheleien übertrieben wären, sehen die meisten noch ein. Aber bei einem Angriff unter die Gürtellinie? Darf dann der Gegenschlag ebenso schonungslos ausfallen? Nach weitverbreiteter Auffassung leider ja. Doch was passiert nach der Erwiderung? Letztlich müssen Sie entscheiden, ob der rhetorische Sieg es wert ist, die Beziehung zum Gegenüber zu verschlechtern. Ich kann nur raten, solche verbalen Eskalationen möglichst zu vermeiden. Es gibt andere Wege, verbale Tiefschläge abzuwehren und trotzdem nicht klein beizugeben. Die folgenden Tipps zeigen Ihnen, wie Sie verbale Tiefschläge fair parieren!

- Das Wichtigste ist: Lassen Sie sich nicht provozieren oder gar einschüchtern! Sind die Emotionen erst einmal angestachelt, ist es immer schwierig, sie wieder zu besänftigen.
- Steigen Sie nicht auf das verbale Niveau Ihres Gegenübers ein! Bleiben Sie betont sachlich, ohne jedoch überheblich zu erscheinen!

- Sagen Sie ganz direkt, dass Sie sich auf einen Schlagabtausch unter der Gürtellinie nicht einlassen!
- Bringen Sie das Gespräch ganz bewusst wieder zurück zur Sache, und formulieren Sie diese Absicht auch!
- Weisen Sie Ihr Gegenüber bei Beleidigungen selbstbewusst in die Schranken, geben Sie ihm jedoch die Möglichkeit zum Rückzug! So mancher gerät in der Hitze des Gefechts vom Wege ab und nimmt dann die Gelegenheit für eine Entschuldigung gern wahr.
- Faires Reagieren bedeutet nicht, dass Sie sich alles gefallen lassen müssen. Es gibt Punkte, an denen ein Gespräch einfach zu Ende ist.

Wer in dieser Weise sachlich, überlegt und selbstbewusst auf unfaire Angriffe reagieren kann, anstatt mit der Verbalkeule gnadenlos zurückzuschlagen, der stellt seine souveräne Persönlichkeit eindrucksvoll unter Beweis.

Auf den Punkt gebracht

Hüten Sie sich vor vorgefertigten Schlagfertigkeitssprüchen oder plumpen Techniken! Diese verschaffen Ihnen im besten Fall eine Verschnaufpause. Eine schlagfertige Antwort sollte zu Ihnen passen und sicherstellen, dass die Wirksamkeit nicht nur einige Sekunden andauert.

So handeln Sie schlagfertig

In diesem Kapitel erfahren Sie, welche Voraussetzungen Sie benötigen, um schlagfertig zu reagieren. Vor allem gibt es Einiges, was Sie selbst tun können, um Ihre eigene Schlagfertigkeit gezielt zu verbessern! Denn – und das kann nicht oft genug betont werden – die Fähigkeit, schlagfertig zu antworten, ist kein Gottesgeschenk, mit dem einige glückliche Menschen gesegnet sind und andere eben nicht. Jeder Mensch kann Schlagfertigkeit erlernen und die entsprechenden Bedingungen, die durch die eigene Persönlichkeit geschaffen werden, positiv beeinflussen.

Die persönliche Bestandsaufnahme

Auch wenn die Auseinandersetzung mit den eigenen Voraussetzungen natürlich etwas ganz Persönliches ist, so lassen sich doch auch einige allgemeine Bedingungen für Schlagfertigkeit formulieren. Überlegen Sie, welche Elemente auf Sie schon zutreffen.

Echte Lust und Freude an der Schlagfertigkeit

Das wichtigste Wort ist hierbei „echt". Nur wenn Sie wirklich Freude am schlagfertigen Spiel mit den Worten haben und sich über eine gute Antwort freuen können, werden Sie auch ein Meister in diesem Fach werden. Denn nur wer lustvoll und zwanglos mit Schlagfertigkeit umgehen kann, wird auch die notwendige Spontaneität und den spielerischen Enthusiasmus entwickeln können, um wirklich schlagfertig zu sein. Wenn Sie sich allerdings verbissen und lustlos zur Beschäftigung mit der Schlagfertigkeit zwingen müssen, werden Sie zwar vielleicht ab und zu noch mit einigen erlernten Techniken punkten können, doch echte und kreative Schlagfertigkeit wird daraus nicht entstehen.

Sofort-Tipp

Stellen Sie sich Situationen, die Sie weder unter- noch überfordern. So kann am besten echte Lust und Freude entstehen.

Selbstbewusstsein, Mut und eine Portion Frechheit

Es liegt auf der Hand, dass Schlagfertigkeit nur funktionieren kann, wenn man sich auch traut, schlagfertig zu sein. Wer jedoch stets daran zweifelt, dass seine schlagfertige Antwort auch wirklich sitzt, wer normalerweise Angst vor der Gegenreaktion des Gegenübers hat, wer befürchtet, unangenehm aufzufallen, weil er ausnahmsweise einmal nicht nett und freundlich ist, der wird mit seinen Versuchen, schlagfertig zu sein, nicht weit kommen. Zur Schlagfertigkeit gehört nämlich auch ein gewisses Maß an Entschlossenheit, da langes Abwägen und Überdenken von Für und Wider der Schlagfertigkeit zwei ihrer wichtigsten Grundlagen entziehen: das Tempo und die Spontaneität.

Sofort-Tipp

Seien Sie mindestens einmal am Tag etwas frecher und trauen Sie sich, etwas einmal anders anzugehen.

Auffassungsgabe und Geistesgegenwart

Schlagfertige Antworten leben davon, dass sie zielsicher den Punkt treffen, an dem eine Situation oder ein Gespräch die beabsichtigte Wendung nehmen kann – wo zum Beispiel ein Streit entschärft, ein Angriff oder eine Peinlichkeit aufgefangen werden kann. Um diesen Punkt zu treffen, bedarf es einer guten Auffassungsgabe, um das Ziel überhaupt zu erkennen. Und eben auch Geistesgegenwart, um diesen (Zeit-)Punkt nicht zu verpassen. Hier spielt auch die körperliche und mentale Verfassung keine unerhebliche Rolle, denn solange Sie müde und abgespannt sind, wird Ihre Auffassungsgabe und Ihre Geistesgegenwart eingeschränkt sein. Die Folge: mangelnde Konzentrationsfähigkeit, mangelnde Aufmerksamkeit und damit mangelnde Schlagfertigkeit.

Sofort-Tipp

Gehen Sie nie müde in ein Meeting, sondern sorgen Sie dafür, gerade in wichtigen Besprechungen ausgeschlafen, fit und gegenwärtig zu sein!

Konzentration und Aufmerksamkeit

Um schlagfertig reagieren zu können, ist es unerlässlich, sich sowohl auf die Situation als auch auf das Gegenüber zu konzentrieren und beiden Punkten die volle Aufmerksamkeit zu widmen, denn nur so offenbaren sich mögliche „Angriffspunkte" für Ihre schlagfertige Reaktion.

Außerdem kommt es darauf an, auf die konkreten Gegebenheiten der Situation und die Vorgaben des Gesprächspartners angemessen einzugehen, denn Ihre Antwort muss nicht nur inhaltlich den Nagel auf den Kopf treffen, sondern auch stilsicher zum Kontext und zum Gegenüber passen.

Kommunikative und sprachliche Fertigkeiten

Ein Schlagabtausch findet auf verbaler Ebene statt. Um hier nicht von vornherein mit einem Handicap in die Auseinandersetzung zu gehen, sind kommunikative Fähigkeiten und ein versierter Umgang mit Sprache unverzichtbar. Grundlagen der Rhetorik, ausgeprägte Sprachgewandtheit, ein umfangreicher aktiver Wortschatz und ein gutes Sprachgefühl sind hierbei die entscheidenden „Waffen", die Sie zum Erfolg führen werden.

!

Sofort-Tipp
Steigern Sie Ihre sprachlichen Fertigkeiten, indem Sie für alltägliche Ausdrücke und Worte Synonyme, also bedeutungsgleiche Formulierungen finden!

Souveränität

Schlagfertige Antworten entfalten Ihre überzeugende Wirkung am besten, wenn sie souverän und selbstsicher vorgetragen werden. Außerdem verleiht Souveränität uns die nötige Gelassenheit, um wirklich schlagfertig reagieren zu können und dabei trotzdem den Grundsätzen einer fairen

Kommunikation zu folgen. Unter Stress sind wir hingegen blockiert und stehen uns häufig selbst im Weg. Das macht uns angreifbar und verleitet so manchen dazu, in der Not doch zu unfairen Mitteln zu greifen. Souveräne Menschen haben dies einfach nicht nötig und können ganz bewusst ihre Stärken und ihr Können ausspielen.

Sofort-Tipp

Überlegen Sie, wie Sie auf eine hitzige Diskussion oder ein hartes Streitgespräch in einigen Monaten oder Jahren zurückblicken werden. Wird es wert sein, sich noch Jahre später darüber zu ärgern? Schon dieser Gedanke kann Anspannung abbauen und Ihnen Souveränität verschaffen.

Sicherlich werden Sie sich in einigen dieser Punkte bereits wieder erkannt haben. Andere Punkte wiederum haben im Moment vielleicht noch relativ wenig mit Ihrer eigenen Persönlichkeit zu tun. Doch schon diese Erkenntnisse sind ein erster Schritt in die richtige Richtung, denn am Anfang eines jeden Veränderungsprozesses steht zunächst einmal eine sorgfältige Bestandsaufnahme, in der Sie sich darüber im Klaren werden, welche Voraussetzungen Sie bereits mitbringen und an welchen Stellen es Handlungsbedarf gibt. Ohne eine solche Bestandsaufnahme bliebe vor allem die Stoßrichtung der geplanten Veränderungen weitestgehend unbestimmt. Die Erfolge würden mit hoher Wahrscheinlichkeit auf sich warten lassen, weil die ergriffenen Maßnahmen nicht zielgenau ausgerichtet oder möglicherweise sogar vollkommen überflüssig sind. Erst wenn Sie genau wissen, was Sie überhaupt ändern sollten, können Sie auch dementsprechend handeln.

Auf den Punkt gebracht

Welche Voraussetzungen sollten Sie mitbringen, um wirklich schlagfertig zu sein? Je genauer Ihnen die Anforderungen bekannt sind, desto einfacher können Sie an sich und Ihrer Persönlichkeit arbeiten.

Überprüfen Sie Ihr Selbstbild!

Sie haben eben die wichtigsten Voraussetzungen für schlagfertiges Reagieren kennengelernt. Und Sie haben erfahren, dass es wichtig ist, sich erst einmal ein möglichst klares Bild von der eigenen Persönlichkeit, den eigenen Fähigkeiten, Stärken und auch Schwächen zu verschaffen. Da es hier um Schlagfertigkeit geht, können Sie sich bei der Bestandsaufnahme auf die Bereiche Kommunikation, Interaktion mit anderen Menschen und Wirkung Ihres Auftretens auf andere konzentrieren. Wie sehen Sie sich selbst in diesen Zusammenhängen? Welche Stärken können Sie vorweisen? Welche Schwächen müssen Sie sich eingestehen?

Stellen Sie sich dazu zum Beispiel folgende Fragen:

- Kommuniziere ich gern mit Menschen, auch mit mir zunächst fremden Personen?
- Gehe ich gern auf andere Menschen zu oder bin ich eher zurückhaltend und abwartend?

- Fühle ich mich in Gesprächen sicher oder bin ich verunsichert oder gehemmt?
- Kann ich mich gut ausdrücken? Verstehen meine Gesprächspartner, was ich meine?
- Fehlen mir manchmal die richtigen Worte?
- Kann ich gut zuhören?
- Wie kommuniziere ich in Stresssituationen?
- Kann ich mich und meine Überzeugungen in Gesprächen durchsetzen?
- Kann ich Gesprächssituationen zutreffend und schnell erfassen?
- Bin ich in der Lage, spontan zu reagieren?
- Finde ich originelle und schlagfertige Antworten?
- Wie reagiere ich normalerweise, wenn ich verbal angegriffen werde?
- Wirke ich in Gesprächen auf mein Gegenüber souverän?
- Kommuniziere ich glaubwürdig?
- Wie äußern sich bei mir Nervosität und Unsicherheit?
- Auf welche Weise strahle ich Selbstsicherheit aus?

Wenn Sie solche und ähnliche Fragen aufrichtig beantworten, erhalten Sie Schritt für Schritt ein Bild Ihrer eigenen Persönlichkeit – Ihr Selbstbild, mit dem Sie sich nun auseinandersetzen können.

An dieser Stelle wäre es jedoch noch verfrüht, daraus bereits konkrete Maßnahmen abzuleiten, denn so ein Selbstbild kann manchmal trügerisch sein. Gerade unsere Wirkung auf andere schätzen wir selbst nicht immer zutreffend ein. Es passiert gar nicht so selten, dass Menschen hier mit ihrer Selbsteinschätzung ziemlich weit daneben liegen – und das längst nicht nur zugunsten der eigenen Persönlichkeit. Oft ist sogar das Gegenteil der Fall. Nicht wenige Menschen grämen sich beispielsweise über einige Schwächen, die von anderen jedoch durchaus als liebenswert und sympathisch angesehen werden. Oder sie sind sich gar nicht bewusst, dass einige ihrer persönlichen Eigenschaften besonders angenehm auf Gesprächspartner wirken, und denken zum Beispiel, ihre ruhige Art wird als Zurückhaltung interpretiert, wohingegen die Ruhe von anderen stets als sehr entspannend und sogar souverän empfunden wird. Und natürlich gibt es umgekehrt auch den Fall, dass jemand meint, er würde ungeheuer souverän und überzeugend auftreten, wobei er auf sein Gegenüber in erster Linie angespannt oder sogar aggressiv wirkt.

Hier hilft nur ein Abgleich des Selbstbildes mit unserem Fremdbild, das heißt, mit dem Bild, das andere sich von uns machen. Doch wie erfährt man etwas über das eigene Fremdbild?

Sofort-Tipp

Prüfen Sie immer wieder, wie Sie sich sehen und wie Sie auf andere wirken! Holen Sie sich von guten Freunden ehrliche Rückmeldungen!

Wie reagieren Ihre Gesprächspartner auf Sie?

Als erste Maßnahme sollten Sie die Reaktionen Ihrer Umwelt genau beobachten. Wenn Ihre Gesprächspartner auf bestimmte Verhaltensweisen oder Eigenschaften von Ihnen ganz anders reagieren, als Sie es ursprünglich erwartet haben, ist dies ein wichtiger Hinweis darauf, dass Sie sich selbst hier möglicherweise anders einschätzen, als Ihr Gegenüber es tut. Sehr anschauliche – und zugegebenermaßen recht extreme – Beispiele dafür liefern unzählige Casting-Shows, die wir im Fernsehen verfolgen dürfen. Hier lässt sich sehr gut beobachten, wie Selbst- und Fremdbild auseinanderklaffen, wenn ein Teenager ganz erschüttert den Bewertungen der Jury lauscht, die sein Selbstbild vom Ausnahmetalent nicht ganz teilt. Die unerwartete Reaktion der Jury sollte ihm im Idealfall jedoch als deutlicher Hinweis dienen, dass seine Selbsteinschätzung möglicherweise doch erheblich davon abweicht, wie andere Menschen ihn sehen. Es ist ihm zu wünschen, dass er diesen Hinweis zum Anlass nimmt, seine eigenen Fähigkeiten einer kritischen Prüfung zu unterziehen.

Auch in Ihrem Alltag wird es sicherlich bereits Situationen gegeben haben, in denen Ihre Erwartungen mit der tatsächlichen Reaktion Ihres Gegenübers nicht übereinstimmten. Nehmen Sie solche Abweichungen zum Anlass, Ihr Selbstbild kritisch zu hinterfragen und es mit dem Fremdbild, das Sie aus der Reaktion anderer ablesen können, zu vergleichen.

Wie sehen Sie Ihre Mitmenschen?

Das Beobachten der Reaktionen Ihrer Mitmenschen wird jedoch nicht ausreichen, um sich wirklich umfassend mit dem eigenen Fremdbild auseinandersetzen zu können. Wer es wirklich ernst meint, wird nicht umhin kommen, andere Menschen nach der Wahrnehmung Ihrer Person zu fragen.

Es liegt auf der Hand, dass dafür nur echte Vertrauenspersonen infrage kommen. Andernfalls würde man sich entweder gar nicht trauen, nach dem Eindruck zu fragen, oder man könnte nicht sichergehen, wirklich aufrichtige Antworten zu erhalten, die nicht von irgendwelchen Interessen oder Absichten (zum Beispiel von der Absicht, Sie mit der Antwort nicht zu kränken) überlagert sind.

Welche Vertrauensperson Sie auswählen, hängt natürlich allein von Ihnen ab. Ob es sich um nahestehende Familienmitglieder oder um sehr gute Freunde handelt, spielt letztlich keine Rolle. In jedem Falle müssen Sie klar machen, dass die Antworten für Sie nur von Nutzen sind, wenn sie wirklich ehrlich und offen ausfallen.

Als Hilfestellung für die Ermittlung des Fremdbildes können Sie einfach Ihren Fragenkatalog, den Sie schon für Ihr Selbstbild aufgestellt haben, hinzuziehen. Lassen Sie von Ihrer Vertrauensperson einfach die gleichen Fragen beantworten, so haben Sie den direkten Vergleich. Vielleicht können Sie sogar eine kleine Tabelle anlegen, in der Sie die Antworten einander gegenüberstellen. So sehen Sie auf einen Blick, wo es Übereinstimmungen oder Abweichungen gibt. Nicht selten offenbaren sich in einer solchen Übersicht sogar erste aufschlussreiche Tendenzen.

Wichtig ist, dass Sie offen und unvoreingenommen an die Auswertung der Befragung herangehen. Reflektieren Sie selbstkritisch, aber auch selbstbewusst die Ergebnisse Ihrer Auseinandersetzung.

Sofort-Tipp

Im Verlauf dieser Selbstreflexion werden Sie immer deutlicher erkennen, an welchen Punkten Sie arbeiten müssen, um Ihre Schlagfertigkeit zu verbessern, und welche Stärken Sie vielleicht sogar noch ausbauen können. Nutzen Sie diese Möglichkeit!

Vor allem der letzte Punkt ist ein Aspekt, den Sie nicht leichtfertig übergehen sollten. Denn gerade in den Bereichen, in denen Sie bereits Erfolge vorweisen können, haben Sie die besten Chancen, wahre Höchstleistungen zu erbringen.

Sicherlich geht es hinsichtlich Ihrer Schlagfertigkeit jetzt erst einmal darum, Defizite auszugleichen, um die Grundvoraussetzungen für Schlagfertigkeit zu optimieren. Doch gerade der Ausbau bereits vorhandener Fähigkeiten birgt ungeheures Potenzial für Ihren persönlichen Erfolg – und macht obendrein auch noch Spaß. Lesen Sie also nachfolgend nicht nur die Abschnitte, die Ihre Schwachstellen behandeln, sondern widmen Sie sich auch Ihren starken Seiten. Das wird Sie in Ihren Fähigkeiten noch einmal bestärken, und so Ihre Selbstsicherheit und Ihre Souveränität unterstützen.

Wie stärken Sie Ihre Souveränität?

Ihre persönliche Souveränität und Ihr souveräner Auftritt zählen mit Sicherheit zu den zentralen Aspekten Ihrer Schlagfertigkeit.

Souveränität spielt im Bereich der Schlagfertigkeit nämlich gleich eine dreifache Rolle:

- Erstens brauchen Sie ein Mindestmaß an Souveränität, um überhaupt schlagfertig agieren zu können.
- Zweitens muss Ihr Auftritt möglichst souverän sein, damit Ihre Schlagfertigkeit auch Wirkung zeigt.
- Und drittens geht es bei der Schlagfertigkeit nicht zuletzt darum, Ihre eigene Souveränität gegen Angriffe zu verteidigen.

Außerdem ermöglicht Ihnen Ihre Souveränität einen konsequent fairen Kommunikationsstil: „Souveränität ist das Fundament einer gelungenen Kommunikation. Souveräne Menschen werden seltener angegriffen. Ihre Sicherheit und Gelassenheit befähigt sie, Kommunikationswerkzeuge so einzusetzen, dass sie damit niemandem wehtun, kein Porzellan zerschlagen und kein sinnloses Kräftemessen starten."[4] Diese positive und konstruktive Einstellung zur Kommunikation macht Sie gelassener und lockerer.

Außerdem verschafft Souveränität Ihnen das nötige Vertrauen in Ihr eigenes Urteilsvermögen und in Ihre persönlichen Fähigkeiten. Denn so kommunizieren Sie mit weniger

---

4 Etrilliard, Stéphane: Gekonnt kontern – Souverän, schlagfertig und fair in jeder Situation. S. 36.

Stress. Und je weniger Stress Sie aufbauen, umso freier und selbstsicherer werden Sie in Gesprächen und Auseinandersetzungen agieren können. Stress hingegen blockiert unsere kommunikativen Fähigkeiten, hemmt unsere Kreativität und Spontaneität, schränkt unser Konzentrationsvermögen und unsere Geistesgegenwart ein und vermindert unsere Entschlossenheit. An Schlagfertigkeit ist unter diesen Bedingungen wohl kaum zu denken.

Sofort-Tipp

Schlagfertigkeit und Souveränität sind also untrennbar miteinander verbunden. Souveränität lässt sich jedoch nicht einfach „erlernen" wie beispielsweise eine Fremdsprache. Sie ist vielmehr eine Frage der Einstellung zu sich selbst und zum Gegenüber als eine Frage von bestimmten antrainierten Fertigkeiten.

Souveränität entsteht nämlich dann, wenn Sie in der Lage und bereit sind, authentisch und selbstbestimmt zu handeln, bewusst Verantwortung für sich und Ihr Handeln zu übernehmen, Ihre Integrität zu bewahren und anderen Menschen aufgeschlossen, tolerant und fair gegenüberzutreten. Dies erfordert ein intaktes Selbstwertgefühl und ein starkes Selbstbewusstsein. Aus diesem Grund geht Souveränität oft mit einer gewissen persönlichen Reife einher, die jedoch vom konkreten Lebensalter relativ unabhängig ist.

Souveränität ist in der Regel das Resultat eines langfristigen Prozesses, in dem sich Ihre authentische Persönlichkeit Stück für Stück entfaltet und Sie eine selbstbestimmte Einstellung und Lebensweise entwickeln.

Bezogen auf Ihre kommunikativen Fähigkeiten und Ihre Schlagfertigkeit, können Sie diese Entwicklung durch einige ganz konkrete Maßnahmen gezielt fördern und so Ihr souveränes Auftreten unterstützen. Diese Maßnahmen wirken möglicherweise zunächst wie rein äußerlicher Verhaltensweisen, doch sie werden nach und nach auch Ihre Persönlichkeit und Ihre Einstellung positiv beeinflussen, sodass Sie auf diese Weise Ihre Souveränität tatsächlich stärken können.

Prüfen Sie Ihre Einstellung zum Gegenüber

Souveränität und Selbstbestimmung soll nicht bedeuten, dass Sie auf Teufel komm raus Ihr Anliegen durchboxen und dass andere Menschen Ihnen gleichgültig sind. Das Gegenteil ist sogar der Fall, denn souveräne Menschen sind in der Lage, auf andere Menschen einzugehen, allerdings ohne sich selbst dabei aufzugeben. Sie zeigen aufrichtiges Interesse an ihren Mitmenschen, denn sie respektieren ihr Gegenüber und dessen Bedürfnisse. Sie wollen den Gesprächspartner wirklich verstehen und sich selbst ebenso verstanden wissen. Daher gehen sie stets mit einer konstruktiven und positiven Einstellung in Gespräche und Auseinandersetzungen.

Jedes Gespräch gibt Ihnen die Möglichkeit, diese Einstellung zu „trainieren": Hören Sie Ihrem Gesprächspartner stets aufmerksam zu, und versuchen Sie wirklich zu verstehen, was er meint. Entwickeln und zeigen Sie Interesse an Ihrem Gegenüber und an dem, was er zu sagen hat. Aufgeschlossenheit, Zugewandtheit und Einfühlungsvermögen sind die Eigenschaften, die hierfür von Bedeutung sind.

Nehmen Sie sich selbst für einen Moment zurück, damit Sie ganz unvoreingenommen zuhören und auf diese Weise wirklich **miteinander** kommunizieren können.

Es zeugt von persönlicher Stärke, wenn Sie stets auch das Anliegen Ihres Gesprächspartners ernst nehmen und respektieren, ohne dabei jedoch Ihre eigenen Ambitionen zu vernachlässigen. Vertrauen Sie Ihrer eigenen Überzeugungskraft, Ihren Argumenten sowie Ihren rhetorischen und schlagfertigen Qualitäten, um Ihr Gegenüber am Ende in einer ernsthaften und fairen Auseinandersetzung zu übertrumpfen. Auch wenn Sie sich in dem Gespräch durchsetzen wollen, geht es schließlich nicht darum, den Anderen in die Knie zu zwingen und um jeden Preis den rhetorischen Sieg davonzutragen.

Auf den Punkt gebracht

Wenn Sie letztendlich einsehen müssen, dass Ihr Gesprächspartner die besseren Argumente und die schlagfertigere Replik zu bieten hat, dann stehen Sie zu Ihrer „Niederlage“, und erkennen Sie seine Leistung ruhig an. Hier zeigt sich echte Souveränität, die auch mit Fehlschlägen und Schwächen umzugehen weiß.

Halten Sie Blickkontakt

Sie wissen sicher aus eigener Erfahrung, dass ein Blick unter Umständen mehr sagen kann als tausend Worte. Und noch bevor überhaupt ein Wort gewechselt wurde, können Menschen mit ihren Blicken miteinander in Kontakt treten. Ein Flirt, ein Streit, eine Frage, eine Abfuhr, ein Rückzieher – all das und noch viel mehr kann mit einem einzigen Blick kommuniziert werden. Und wer nun während eines Gesprächs mit offenem und interessiertem Blick in die Augen des Gegenübers schaut, demonstriert ganz souverän, dass er bereit ist, ehrlich und aufgeschlossen zu kommunizieren, ohne etwas zu verbergen oder zu vertuschen. Wer jedoch dem Blick des Anderen ausweicht, hat seine Souveränität bereits verspielt.

Der Blick zur Seite

Frau König hält den Blickkontakt und sagt mit klarer Stimme: „Wir haben eine Vereinbarung. Bitte halten Sie sich daran!". Bis vor Kurzem hatte sie im Gespräch meist den Blick recht schnell zur Seite gewendet – aus Furcht, zu aufdringlich zu wirken. Doch jetzt gewinnen ihre Worte an Kraft. Frau König fühlt sich ermuntert, auch in Zukunft darauf zu achten, Ihren Worten Nachdruck zu verleihen.

Fehlender Blickkontakt ist ein Ausdruck von Unsicherheit oder sogar Angst. Geht der Blick dann auch noch schüchtern zu Boden, zeigt dies ganz klar: Ich gehe in die Defensive. Auch ein umherschweifender Blick beeinträchtigt die souveräne Wirkung, denn so wirken Sie unkonzentriert oder desinteressiert.

Nutzen Sie also den Blickkontakt ganz bewusst, um Ihre souveräne Wirkung zu untermauern und gleichzeitig auch die Beziehung zum Gesprächspartner aufzubauen. Mit einem offenen Blick signalisieren Sie ihm nämlich, dass Sie sich ihm und dem Gespräch voll und ganz widmen, und echtes Interesse daran haben, ihn zu verstehen.

Sofort-Tipp

Starren Sie nicht auf die Nasenwurzel oder in ein Auge, sondern lassen Sie den Blick über das Gesicht Ihres Gesprächspartners schweifen.

Wenn es Ihnen anfänglich noch etwas schwer fällt, Blickkontakt aufzubauen und auch aufrechtzuerhalten, können Sie dies mit einigen einfachen Übungen trainieren. Die erste Maßnahme besteht darin, Blicke bewusst einzusetzen und darauf zu achten, wie sie auf Sie selbst und auf Ihr Gegenüber wirken. Im zweiten Schritt können Sie versuchen, den Blickkontakt verstärkt und ganz gezielt einzusetzen. Finden Sie Gelegenheiten, um statt einer verbalen Antwort zum Beispiel einfach nur mit einem Blick zuzustimmen oder auch Skepsis auszudrücken. Vielleicht gelingt es Ihnen ja sogar, ein kleines Lächeln oder ein Hauch von Ironie mit Ihren Augen zu vermitteln. Achten Sie außerdem darauf, wie Entfernungen auf die Wirkung von Blicken Einfluss nehmen. Ein zorniger Blick über eine weite Distanz wirkt sicherlich ganz anders als derselbe Blick zu einer Person, die Ihnen direkt gegenübersteht. Und was sehen Sie in den Blicken anderer Menschen? Achten Sie konsequent auf die Blicke Ihrer Gesprächspartner. Welche Wirkung haben diese Blicke auf Sie und wie reagieren Sie?

Nutzen Sie die Wirkung Ihrer Stimme

Unsere Stimme ist einer unserer sensibelsten Indikatoren für Emotionen. Sie reagiert äußerst feinfühlig auf Stimmungen und Gefühle und spiegelt nicht selten, sogar ohne dass wir darauf Einfluss nehmen, unsere innere Verfassung wider. Deshalb ist es wichtig, dass Sie Ihre eigene Stimme im Griff haben, wenn Sie souverän auftreten wollen. Denn nur so können Sie diese auch gezielt einsetzen, um aktiv Stimmungen zu erzeugen und mit Ihrer Stimmpräsenz eine überzeugende Wirkung zu erzielen. Das ermöglicht Ihnen, direkten Einfluss auf die souveräne Wirkung Ihrer Kommunikation zu nehmen. Denn gerade Unsicherheiten schlagen sich sehr deutlich in der Stimme nieder und beeinträchtigen den Gesamteindruck nachhaltig. Und mit zittriger, verhauchter oder brüchiger Stimme werden Sie wohl kaum eine schlagfertige Antwort souverän platzieren können.

Ein stimmiger Vortrag

Herr Schwarz kann sich noch gut an seinen Vortrag vom letzten Jahr erinnern. Daran, dass er so schnell wie möglich zum Ende kommen wollte. Er hatte damals mit schneller gepresster Stimme seinen Text abgelesen. Auf Zwischenrufe ging er mit schwacher und fast tonloser Stimme ein. Doch heute nimmt er sich Zeit. Herr Schwarz lässt Pausen zwischen einzelnen Sätzen und gibt seiner Stimme Raum. Er weiß jetzt: es geht nicht darum, so schnell wie möglich zum Ende zu kommen, sondern darum, seine Inhalte zu vermitteln. Mit einer festen, klaren und ruhigen Stimme.

Beschäftigen Sie sich also mit Ihrer Stimme! Hören Sie genau zu und achten Sie auf die Wirkung auf Ihr Gegenüber. Versuchen Sie zu erkennen, wie sich Ihre Stimme verwandelt, wenn sich Ihre Gemütslage verändert und wie stark sich Ihre Unsicherheit in der Stimme wieder findet.

Machen Sie sich außerdem bewusst, dass die Grundlage einer guten Sprechstimme Ihre Atmung ist. Atmen Sie öfter auch bewusst ein und aus. Bemerkenswerterweise besteht ein enger Zusammenhang zwischen einer guten Atmung und Ihrer Körperhaltung: Eine aufgerichtete Körperhaltung gibt der Lunge ausreichend Raum, um kräftig und ruhig zu atmen. Insofern hat die Körperhaltung einen starken Einfluss auf die Souveränität in Ihrer Stimme.

Sofort-Tipp

Zu einer souveränen Ausdrucksweise gehören nicht nur die Stimme, sondern auch die Pausen. Achten Sie darauf, auch Stille auszuhalten.

Das zweite Standbein einer guten und souveränen Sprechstimme ist neben der Atmung das bewusste Artikulieren der Laute. Denn wer undeutlich spricht, Buchstaben und Silben verschluckt, beeinträchtigt die Wirkung seiner Sprache vehement. Die Klarheit des Sprechens geht verloren und damit auch die Souveränität. Undeutliches Sprechen wirkt häufig nachlässig oder unkonzentriert, manchmal auch unsicher und vorsichtig.

Es ist daher wichtig, präzise zu artikulieren, ohne dabei in eine gekünstelte Überartikulation zu verfallen. Achten Sie beim Sprechen zum Beispiel darauf, die stimmhaften Konsonanten schwingen zu lassen und dabei die Resonanzen in Ihrem Körper zum Klingen zu bringen, artikulieren Sie die Vokale deutlich, und geben Sie ihnen Klang.

Auch die Lebendigkeit Ihrer Stimmführung verleiht Ihnen Souveränität. Wenn Sie ausdrucksstark und abwechslungsreich sprechen, werden Sie Ihr Gegenüber emotional viel stärker ansprechen und weitaus leichter überzeugen können. Sie können Ihre Stimmführung durch verschiedene Betonungen, durch Wechsel der Lautstärke und des Tempos sehr variantenreich gestalten. Beachten Sie dabei jedoch, dass eine zu laute Stimme unter Umständen dominant oder sogar aggressiv wirken kann, wohingegen eine zu leise Stimme nervös und unsicher erscheint. Doch alles dazwischen steht Ihnen zu Ihrer freien Verfügung.

Auch Ihr Körper spricht

Ihre Körpersprache hat für Ihren souveränen Auftritt eine noch größere Bedeutung als Ihre Stimme. Denn Körpersprache – also Mimik, Gestik und Körperhaltung – ist häufig viel aussagekräftiger als gesprochene Sprache. Sie wirkt unmittelbarer, weil sie authentischer ist und direkt die Emotionen des Gegenübers anspricht. Körpersprachliche Signale wirken häufig sogar deutlich stärker als verbale Aussagen und überschatten bei Widersprüchlichkeiten das Gesagte. Wer zum Beispiel mit Leidensmiene den Satz „Heute geht es mir richtig gut" zum Besten gibt, wirkt einfach unglaubwürdig, denn jeder sieht, dass diese Worte nicht wahr sein können.

Es ist außerdem fast unmöglich, körpersprachlich zu lügen, denn Körpersprache wird durch unsere Emotionen größtenteils unbewusst gesteuert. Dennoch ist es natürlich möglich, die eigene körpersprachliche Ausdrucksfähigkeit zu schulen. Dabei sollte man jedoch stets die Echtheit wahren, denn eine gekünstelte antrainierte Geste, die überhaupt nicht zum eigenen Typ passt, wird die Wirkung in jedem Falle zerstören. Bei mangelnder Echtheit entstehen häufig Irritationen und Widersprüche im Auftreten, die die Souveränität und die Glaubwürdigkeit untergraben.

Für den souveränen und schlagfertigen Auftritt sollten Sie Ihre Körpersprache zunächst auf verräterische Unsicherheitsgesten überprüfen und diese zukünftig vermeiden. Verlegenheitsgesten wie zum Beispiel das Herumnesteln an der Kleidung oder unwillkürliches Kratzen am Kopf gehören ebenso dazu wie (aggressive) Dominanzgesten wie beispielsweise ein ausgestreckter Zeigefinger oder die geballte Faust.

Eine aufrechte und offene Körperhaltung wiederum kann Ihre Souveränität besonders unterstützen, denn diese wirkt nicht nur auf Ihr Gegenüber souverän, sondern wird auf Dauer Ihre Souveränität auch tatsächlich verstärken, da Körpersprache nicht nur von Emotionen beeinflusst wird, sondern in umgekehrter Richtung auch auf Ihre Emotionen abfärbt. Das gilt auch für ganz bewusst gewählte ruhige Gesten, die Sicherheit und Entschlossenheit vermitteln. Ein warmer, kräftige Händedruck oder ein souveränes zustimmendes Kopfnicken sind nur zwei Beispiele dafür. Letztlich ist es für den souveränen Auftritt wichtig, dass Ihre Gesten das Gesagte unterstreichen und wenn möglich akzentuieren, ohne aufgesetzt oder hektisch zu wirken oder Ihre Worte zu „übertönen".

So wie der oben bereits erwähnte Blickkontakt kann nun auch die Mimik helfen, auf subtile und dennoch ganz unmittelbare Weise Aussagen zu transportieren, die mit Worten vielleicht nur sehr schwer zu vermitteln sind. Ein vorsichtig skeptischer Gesichtsausdruck erspart Ihnen zum Beispiel viele Sätze, die umständlich versuchen, Zweifel anzumelden, ohne den anderen zu verletzen. Ein freundliches Lächeln kann in einer hitzigen Diskussion ein Friedensangebot sein, bei dem keiner sein Gesicht verliert, und ein strenger Blick kann den Gesprächspartner in die Schranken weisen. Auch hier ist es also wichtig, möglichst die mimischen Ausdrücke zu vermeiden, die Unsicherheit und Nervosität verraten, und stattdessen Ihre Mimik bewusst einzusetzen, um Ihre Souveränität zu unterstreichen.

Auf den Punkt gebracht

Einen souveränen und schlagfertigen Auftritt erreichen Sie nicht nur durch die passenden Worte, sondern vor allem durch eine passende Körpersprache. Je detaillierter Ihre Beobachtungskriterien für Stimme, Blick und Körpersprache sind, desto besser können Sie an sich arbeiten. Üben Sie immer wieder, sich selbst und andere Menschen zu beobachten. Dies hilft Ihnen, sich sowohl nachteiliger als auch vorteilhafter Verhaltensweisen bewusst zu werden.

So machen Sie sich fit für Schlagfertigkeit

Ihre persönliche Souveränität ist sicher eine der wichtigsten Grundvoraussetzungen, um schlagfertig reagieren zu können. Doch gibt es darüber hinaus natürlich auch noch weitere Gesichtspunkte, die Ihre Schlagfertigkeit beeinflussen und auf die Sie wiederum auch positiv Einfluss nehmen können. Sie werden in folgendem Abschnitt sehen, dass diese Aspekte in erster Linie von Ihrem eigenen Verhalten und Ihrer Einstellung abhängig sind. Das heißt also, niemand kann Sie daran hindern, schlagfertig zu sein. Allerdings kann auch niemand für Sie die Arbeit erledigen, die nötig ist, um schlagfertig zu werden. Es liegt also in Ihrer Hand, ob Sie sich in Zukunft mit Ihrem jetzigen Zustand zufrieden geben wollen oder doch lieber Ihre Schlagfertigkeit ausbauen wollen.

Raus aus der Nettigkeitsfalle

Es ist ganz normal, wenn Sie – so wie die meisten Menschen – Konflikten und unangenehmen Auseinandersetzungen aus dem Weg gehen und Lösungen bevorzugen, die harmonisch und konfliktfrei enden. Die meisten Menschen wollen eben von anderen gemocht werden und versuchen daher, möglichst nett zu sein, niemanden vor den Kopf zu stoßen, stets Verständnis aufzubringen und Konfrontationen zu vermeiden. Grund dafür ist die Angst, auf persönliche Ablehnung zu stoßen. Die Folge: Sie laufen Gefahr, Ihre eigenen Interessen hinter den Anliegen anderer zurückzustellen, Ihrem Gegenüber nicht seine Grenzen aufzuzeigen, im Extremfall sogar ausgenutzt zu werden.

Kein Wunder, dass Ihr Selbstwertgefühl nach und nach schwinden kann. Hier angelangt, stecken Sie mitten drin in der Nettigkeitsfalle, denn das verminderte Selbstwertgefühl führt dazu, dass Sie noch dringender versuchen, Konflikte zu vermeiden und Harmonie herzustellen, da Ihr Bedürfnis, von anderen gemocht zu werden, mit dem Schwinden Ihres Selbstwertgefühls weiter ansteigt. So beginnt ein unsäglicher Kreislauf, bei dem Ihre Souveränität auf der Strecke bleibt.

Wer schlagfertig sein will, kommt nicht umhin, sich aus dieser Nettigkeitsfalle zu befreien. Schlagfertigkeit zielt zwar nicht unter die Gürtellinie und will auch niemanden persönlich verletzen, doch sie verteidigt die eigene Souveränität, bietet dem Gegenüber energisch Paroli und sucht gezielt das Wortgefecht, anstatt es zu umgehen. Schlagfertigkeit ist nicht nett und zurückhaltend, sondern couragiert und durchaus ein bisschen risikofreudig und frech, ohne dabei allerdings unhöflich und verletzend sein zu müssen.

Wenn Sie schlagfertig sein wollen, gilt also: Überwinden Sie Ihre Konfliktscheu und Harmoniesucht! Nehmen Sie Ihre eigenen Bedürfnisse ernst und stehen Sie dazu. Stellen Sie sich Konfrontationen und tragen Sie Konflikte aus. Übrigens: Menschen, die Sie akzeptieren und mögen, werden dies auch dann tun, wenn Sie im Ernstfall einmal nicht nett sind, sondern entschlossen Ihre Ansichten vertreten und Grenzen aufzeigen, an denen Sie keine Zugeständnisse mehr machen. Dies ist nämlich auch ein Zeichen von Verlässlichkeit und Souveränität.

Auf den Punkt gebracht

Die Sicherheit im Umgang mit den eigenen Bedürfnissen und den eigenen Grenzen brauchen Sie, um schlagfertig sein zu können genauso wie die Gewissheit, dass andere Menschen Sie nicht nur dann wertschätzen, wenn Sie nett und nachgiebig sind. Letzteres setzt ein starkes Selbstbewusstsein und ein intaktes Selbstwertgefühl voraus.

Stärken Sie Ihr Selbstbewusstsein

Selbstbewusstsein und Selbstwertgefühl stehen in einem engen Zusammenhang, sodass ein Defizit auf der einen Seite auch die andere Seite beeinträchtigt. Oft entsteht daraus sogar ein fataler Kreislauf, in dem ein geringes Selbstwertgefühl das Selbstbewusstsein schmälert. Tatkraft, Mut und Zuversicht gehen verloren, was dazu führt, dass Wagnisse nicht eingegangen werden und insgesamt sehr vorsichtig gehandelt wird. Echte Erfolgserlebnisse bleiben aus, worunter das Selbstwertgefühl wieder leidet – und der Kreislauf beginnt von vorn.

Für Ihre Schlagfertigkeit sind ein starkes Selbstbewusstsein und ein intaktes Selbstwertgefühl natürlich unverzichtbar, da Sie nur auf dieser Basis die gewünschte Wirkung erzielen können. Wer ein gesundes Selbstwertgefühl hat, ist gegen äußere Einflüsse und Manipulationen gewappnet (und damit zum Beispiel auch davor gefeit, in die Nettigkeitsfalle zu tappen) und bezieht seine Kraft und seine Souveränität aus seinem Inneren. Auch hier können Sie selbst wieder einiges tun, um positiv Einfluss zu nehmen. Machen Sie sich deshalb Ihren Wert wirklich bewusst! Denken Sie an Ihre Stärken und Qualitäten, denken Sie an Leistungen und Erfolge, die Sie bereits erbracht haben!

Sofort-Tipp

Erstellen Sie eine Liste mit 20 Ihrer positiven Eigenschaften. Auch wenn Ihnen nicht sofort so viele Eigenschaften einfallen, bleiben Sie dran!

Stellen Sie sich Herausforderungen und Risiken, übernehmen Sie verantwortungsvolle Aufgaben – das stärkt das Selbstbewusstsein ungemein und durchbricht den Kreislauf aus fehlendem Selbstwertgefühl und vermindertem Selbstbewusstsein. Lösen Sie sich außerdem von festgefahrenen Glaubenssätzen, die Sie selbst und Ihre Persönlichkeitsentwicklung blockieren (wie zum Beispiel die Auffassung „Ich muss nett sein, um gemocht zu werden."). Nehmen Sie stattdessen die positiven Rückmeldungen Ihrer Umgebung wahr, und nutzen Sie diese, um sich Ihres eigenen Werts noch deutlicher bewusst zu werden.

Trainieren Sie Ihren Umgang mit Sprache!

Schlagfertigkeit lebt vom kreativen Spielen mit Assoziationen und mit den Möglichkeiten der Sprache. Um diese voll ausschöpfen und zum richtigen Zeitpunkt originelle, treffende und wirkungsvolle Formulierungen finden zu können, ist es unerlässlich, die eigenen Ausdrucksmöglichkeiten und die Assoziationsfähigkeit zu trainieren. Je größer

Ihr aktiver Wortschatz ist, je variantenreicher und vielfältiger Sie Sprache einsetzen können, umso mehr Vokabeln und Formulierungen stehen Ihnen zur Verfügung. Mit deren Hilfe können Sie dann spontan schlagfertige und präzise Antworten finden. Doch all diese Voraussetzungen stellen sich nicht von selbst ein, sondern wollen gepflegt und eifrig praktiziert sein.

Unsere Sprache ist überaus komplex und differenziert, sodass wir mit ihrer Hilfe unendliche Möglichkeiten haben, feine Nuancen zu unterscheiden, Assoziationsketten zu spinnen, emotionale Bilder zu erschaffen und aufregende Fantasien zu entwickeln. Für jeden einzelnen Gedanken gibt es unzählige Formulierungsvariationen, die dem Gedanken jeweils eine ganz andere Färbung verleihen können. Wir müssen die Vielfalt der Sprache nur nutzen.

Lassen Sie sich deshalb auf das schöne Spiel mit den Worten ein. Verwenden Sie Sprache, Wörter und Formulierungen sehr bewusst, und nehmen Sie sich mehr Zeit für Ihre Kommunikation. Erweitern Sie Ihren aktiven Wortschatz, schulen Sie Ihr Sprachgefühl und wählen Sie Ihre Worte mit Bedacht. Lesen Sie viel, hören Sie anderen genau zu, achten Sie aufmerksam auf die Wirkung Ihrer Worte und versuchen Sie stets, variantenreich und gleichzeitig so präzise wie möglich zu formulieren. Das schult nachhaltig Ihre Ausdrucksfähigkeit und macht obendrein auch noch Spaß. Vergessen Sie nicht, dass es darum geht, möglichst frei mit den Mitteln der Sprache zu spielen, um dann schnell, mühelos und unmittelbar Antworten zu kreieren. Wenn Ihnen das gelingt, haben Sie eine weitere grundlegende Voraussetzung für Schlagfertigkeit erfüllt.

Sofort-Tipp

Ersetzen Sie hin und wieder ein lahmes Wort durch ein anderes, das gleich viel mehr Schwung in Ihre Aussagen bringt. So kling das Wort „bezaubernd" doch gleich ganz anderes als ein sprödes „nett" und „brillant" weitaus wirkungsvoller als das etwas langweilige „bedeutsam". Machen Sie sich daher möglichst regelmäßig auf die Suche nach Synonymen oder verwandten Begriffen. Ein spürbarer Trainingserfolg wird sich hier schon bald bemerkbar machen.

Nutzen Sie die positive Wirkung von Humor

Schlagfertigkeit und Humor sind ein ideales Paar. Sie ergänzen und bereichern sich, unterstützen einander und helfen sich gegenseitig auf die Sprünge. Wer seine Schlagfertigkeit verbessern will, sollte also auf Humor nicht verzichten. Wer Humor an den Tag legt, der nimmt das Ganze nicht bierernst, sondern findet das Amüsante in Situationen und kann auch über sich selbst lachen. Menschen mit Humor lassen sich nicht so schnell angreifen und in die Ecke drängen, sondern können mit einem Augenzwinkern Auseinandersetzungen die entscheidende Wendung zur Lösung geben.

Selbst massive Angriffe von unfairen Gesprächspartnern lassen sich mit einer humorvollen oder ironischen Bemerkung elegant und souverän abwehren, ohne dass Sie gleich in verbittertes Wortgefecht einsteigen und Ihren Gegner mit einem ebenso massiven Gegenangriff begegnen müssen. Sie vermeiden so die drohende Zuspitzung des Konflikts und machen dabei auch noch eine sehr gute Figur. Mit ein bisschen Fingerspitzengefühl und Geistesgegenwart werden Sie in vielen Situationen eine gewisse Komik entdecken und mit ein wenig Übung schließlich auch den richtigen Ansatzpunkt finden, um der Situation eine positive und amüsante Wendung zu geben.

Schlagfertigkeit – Die häufigsten Fallen

Es gibt selbstverständlich auch sehr gefährliche Mittel und Wege, mit denen Sie Ihre Schlagfertigkeit selbst untergraben können. Damit dies nicht geschieht, ist es wichtig, die häufigsten Fallen zu kennen und ganz bewusst zu umgehen.

Provokation

In die erste Falle tappt man meist schon, bevor es überhaupt richtig losgeht. Man lässt sich von einem verbalen Angriff so sehr provozieren, dass die eigenen Emotionen die Oberhand gewinnen. Wer in seinen aufwallenden Emotionen gefangen ist, steht dann so unter Stress, dass Schlagfertigkeit nahezu unmöglich ist. In solch angespannten Gesprächssituationen kommt es in hohem Maße darauf an, sich nicht provozieren zu lassen, sondern so sachlich und cool wie möglich zu reagieren. Im Zweifelsfall atmen Sie also lieber einmal tief durch und retten sich kurzfristig mit einer vielleicht nicht ganz so originellen Replik, als übereilt eine allzu hitzige Antwort zu geben, die die Situation nur weiter zuspitzt.

Perfektionismus

Ein überzogener Perfektionsanspruch kann unter Umständen dazuführen, dass Sie sich selbst handlungsunfähig machen. Wenn Sie eine schlagfertige Antwort nur dann wagen, wenn Sie garantiert auch besonders originell, witzig, überraschend und geistreich sein wird, werden Sie vermutlich nur wenige Gelegenheiten haben, schlagfertig zu sein. Und da Schlagfertigkeit auch Übungssache ist, legen Sie sich damit also einige Steine in den Weg. Gehen Sie ruhig das Risiko ein, nur eine mäßig originelle Antwort zu geben, anstatt immer auf den perfekten Einfall zu warten. Denn „warten" und „Schlagfertigkeit" passen nun wirklich nicht zusammen.

Übereifer

Blockaden sind das Gegenteil vom nächsten Problem: ungebremster Übermut. Es gibt Menschen, die verlieren im Eifer des Gefechts einfach das Gespür dafür, wann es des Guten zu viel ist. Auf ausnahmslos jede Bemerkung geben sie eine möglichst witzige oder zumindest originelle Erwiderung, ohne Rücksicht auf den Fortgang des Gesprächs. Schlagfertigkeit ist für sie reiner Selbstzweck und ein willkommenes Mittel, um sich selbst in den Vordergrund zu spielen. An eine konstruktive Kommunikation ist schon nach kurzer Zeit nicht mehr zu denken. Hier verliert die Schlagfertigkeit ihren eigentlichen Sinn und früher oder später auch ihre Wirkung.

Technik

Auch Schlagfertigkeitstechniken sind ein zweischneidiges Schwert. Sie haben einerseits ihre Vorzüge und auch ihre Berechtigung, bergen aber auch Gefahren. Wer Schlagfertigkeitstechniken vollkommen unreflektiert und stur nach Schema F anwendet, wird über kurz oder lang seine Schlagfertigkeit einbüßen. Denn Techniken sind und bleiben Techniken und damit vorhersehbar. Unter diesen Umständen fehlt einfach der notwendige Überraschungseffekt, um wirklich schlagfertig zu sein. Wer sich ausschließlich auf vorgefertigte Techniken und Standardsprüche verlässt, ohne wirklich an den eigenen Fähigkeiten und Voraussetzungen zu arbeiten, wird keinen dauerhaften Erfolg verbuchen können.

Auf den Punkt gebracht

Die Arbeit an den eigenen Voraussetzungen bildet die Basis für Ihre Schlagfertigkeit. Wenn Sie sich nicht provozieren lassen, Perfektionismus vermeiden und nicht jede Gelegenheit für das Anbringen schlagfertiger Antworten zwingend nutzen müssen, dann haben Sie ein gelungenes Fundament für Ihre Schlagfertigkeit.

Ihre Gegenspieler im Visier

Die Kunst der Schlagfertigkeit besteht längst nicht nur darin, im richtigen Augenblick die passenden Wörter auf den Lippen zu haben. Es geht vielmehr darum, die Gesamtsituation inklusive der Menschentypen korrekt einzuschätzen. Nur so lässt sich aus dem zur Verfügung stehenden Arsenal die richtige Wahl treffen.

Es bringt nichts, einem völlig humorlosen Menschen mit spritzigen Pointen zu begegnen, andersherum ist es aber auch wenig vorteilhaft, dem scherzhaften Typen mit größtem Ernst und höchster Sachlichkeit gegenüberzutreten.

In der Praxis führt die richtige Einschätzung immer wieder zu Schwierigkeiten, vor allem in heiklen Momenten und mit Menschentypen, die es entweder darauf anlegen, den Gesprächspartner aus dem Konzept zu bringen, oder ihr Gegenüber unbewusst in Bedrängnis bringen.

Menschen sind nun einmal aus unterschiedlichem Holz geschnitzt – deshalb greifen in den entsprechenden Fällen auch verschiedene Werkzeuge. Und weil Sie im Fall des Falles wenig Zeit haben, um sich Reaktionen genau zu überlegen oder Strategien zu entwerfen, nützt es Ihnen sehr viel, wenn Sie bereits vorab wissen, in welche Werkzeugkiste Sie greifen müssen. Nur so werden Sie auch in heiklen Momenten nicht zum Spielball Ihres Gegenübers.

Der Psychotrickser

Wer kennt ihn nicht, den – wie er zumindest selbst gern glaubt – mit allen Wassern gewaschenen Psychotrickser? Sein vornehmliches Ziel ist es, seinen Gesprächspartner zum eigenen Vorteil zu manipulieren. Er ist bereit, zu nahezu allen Mitteln zu greifen, um die eigene Position durchzusetzen und kümmert sich dabei herzlich wenig um die Meinung seines Gesprächspartners. Außerdem, und das macht die Sache auch nicht leichter, sind solche Psychotrickser häufig versierte Rhetoriker.

> ### *Das Lieblingsprojekt auf Teufel komm raus*
>
> *Die Entwicklung eines neuen Produktes ist das Hauptthema der Besprechung. Der Projektleiter, Herr Bauer, gibt alles: „Und natürlich kommen wir nicht um die neue Technik drumrum. Gerade wir als Marktführer können uns dem nicht entziehen. Im Vorfeld dieser Besprechung habe ich mit vielen Kollegen gesprochen, sie sind alle dafür. Zum Beispiel Sie, Herr Müller, haben Sie nicht vorhin gesagt, dass das eine einzigartige Chance für uns ist?"*

Der Psychotrickser zeigt unterschiedliche Gesichter und greift mal zu diesem, mal zu jenem Mittel, um sein Gegenüber – möglichst, ohne dass dieser es merkt – zu beeinflussen. Er will uns manipulieren, uns seine Gedanken und die von ihm gewünschten Handlungen derart aufzwängen, dass man es selbst noch für eine eigene Entscheidung hält.

Mit großem psychologischem Geschick legt er dabei überall Fallstricke aus, in denen man sich allzu schnell verfängt.

Kurz, er spielt mit gezinkten Karten, er verdreht die Sachlage, stellt sich selbst in ein gutes Licht oder macht sich – ganz nach Bedarf – selbst zum Opfer.

So kommen Sie gegen ihn an!

Letztlich gibt es nur eine Methode, um überhaupt noch ein konstruktives Gespräch mit solchen Psychotricksern führen zu können: ihn entlarven! Zeigen Sie in solchen Gesprächen höchste Aufmerksamkeit, und sobald Ihnen klar ist, dass man Sie manipulieren will, zögern Sie nicht mehr lange – machen Sie Ihrem Gegenüber unmissverständlich klar, dass Sie das Spiel durchschaut haben.

Nun macht bekanntlich der Ton die Musik, und weil Sie nicht daran interessiert sein werden, dass eine Situation eskaliert, müssen Sie hier die passenden Worte finden. Ihr Ziel ist es, jeden Manipulationsversuch zu unterbinden, um zum Kern der Sache zurückzukommen! Sprechen Sie die Sache geradeheraus an, besonders wirksam sind hierbei geistreiche Repliken, eben „echte" Schlagfertigkeit. Dafür einige Beispiele:

- Ein Gesprächspartner versucht Sie mit Schmeichelei zu manipulieren. Ihre mögliche Antwort: „Vielen Dank für die Blumen, doch lassen Sie uns jetzt zur Sache kommen! Darf ich Ihnen den Anlass unseres Gesprächs noch einmal ins Gedächtnis rufen: Es geht um ...".
- Sie werden kritisiert und persönlich angegriffen. Ihre mögliche Antwort: „Sie haben Recht, perfekt bin ich wirklich nicht. Und wo wir uns da schon mal einig sind, können wir doch jetzt zur Sache kommen."

- Ihr Gegenüber versucht, Sie mit einer falschen Darstellung aus dem Konzept zu bringen. Mögliche Antwort: „Ihre Schilderung klingt sehr interessant. Woher haben Sie denn die Informationen?".
- Wie Sie sehen, kommt es in erster Linie darauf an, zu zeigen, dass Sie wissen, woher der Wind weht. Sollte dies jedoch nicht die gewünschte Wirkung zeigen, versuchen Sie es vielleicht mit einem Zitat von Abraham Lincoln, der übrigens als überaus schlagfertig galt: „Sagen Sie mal, haben Sie schon einmal von Abraham Lincoln gehört? Der sagte schon vor langer Zeit: Sie können die Menschen eine Zeit lang täuschen; Sie können sogar einige Menschen die ganze Zeit täuschen; Sie können aber nicht alle Menschen die ganze Zeit täuschen. Meinen Sie nicht auch, dass er damit vollkommen Recht hatte?".

Auf den Punkt gebracht

Jeder Versuch der Manipulation ist sofort wirkungslos, wenn klar ist, dass der Versuch aufgeflogen ist. Nehmen Sie daher Ihrem Gegenüber möglichst frühzeitig den Wind aus den Segeln – mit schlagfertigen Antworten, die durchaus auch eine Prise Ironie enthalten können.

Der Provokateur

Auch wenn einzelne Verhaltensweisen hier durchaus dem Psychotrickser ähneln können, geht es dem Provokateur dennoch nicht darum, andere auf möglichst spitzfindige

Art zu manipulieren – oft steht hinter der Art des Provokateurs nicht einmal ein konkretes Ziel. Ihm geht es um die Sache als solche: provozieren, den anderen zumindest aus dem Konzept bringen. Der Provokateur ist immer in der Offensive und will andere zurückdrängen, er will ihnen die eigene Dominanz beweisen. So wird er auch immer ein „Opfer" finden.

Ein provokativer Einwurf

Frank Müller präsentiert die Ergebnisse der Projektarbeit und erläutert einige Ideen. Da meldet sich Josef Bauer wie üblich zu Wort: „Ihre Ideen sind doch Hirngespinste!". Frank Müller zuckt kurz zusammen. Doch er weiß: wer provoziert, will die Aufmerksamkeit auf sich lenken.

Seine Antwort: „Ihnen fehlt es wohl an Aufmerksamkeit. Hilft es Ihnen, wenn wir Ihnen alle jetzt einmal fünf Minuten zuhören, was Sie zu sagen haben?". In den folgenden Sätzen hakt er sachlich und entschieden, jedoch auch etwas freundlicher nach, wo Josef Bauer denn Bedenken hat.

Sein Verhalten geht fast immer mit einem aggressiven Unterton einher und ist zugleich eine besondere Form der Selbstbeweihräucherung: Denn wer keine Provokation auslässt, vorsätzlich Reizthemen anspricht und seine Gesprächspartner brüskiert, stellt andere damit als unwissend, ja dumm hin, und verweist zugleich darauf, wie sehr man doch selbst die Weisheit mit Löffeln gegessen hat.

So kommen Sie gegen ihn an

Grundsätzlich kommt es im Umgang mit einem Provokateur darauf an, ihm nicht auch noch Steilvorlagen für seine Frechheiten zu liefern. Hier hilft es, stets einen Schritt weiter zu denken und gleich die mögliche Resonanz auf die eigenen Worte in Betracht zu ziehen.

Noch wichtiger ist es jedoch, Ruhe zu bewahren und sich nicht zu unbedachten Äußerungen hinreißen zu lassen – denn genau das will Ihr Gegenüber ja – provozieren. Nutzen Sie Ihre Schlagfertigkeit dazu, Ihr Gegenüber ins Leere laufen zu lassen. Dafür einige Beispiele:

- Ihr Gegenüber holt zu einem Schlag unter die Gürtellinie aus, und Sie spielen den Ball zurück. „Das sind billige Argumente, die Sie da anführen!" Ihre mögliche Antwort: „Das ist noch kein Grund, sich aufzuregen. Welche Vorschläge haben Sie denn?".
- Sehr wirkungsvoll sind schlagfertige Antworten mit Ironie, mit denen Sie zeigen, dass Sie den Angreifer nicht ganz ernst nehmen. „Ihre Argumente taugen gar nichts!" Ihre mögliche Antwort: „Vielen Dank für die Blumen, Sie haben es mal wieder sofort durchschaut." Oder: „Es ist doch immer wieder eine Freude, Ihre einfühlsamen Ratschläge hören zu dürfen."
- Eine weitere Möglichkeit: Reagieren Sie einfach betont gelangweilt und mit monotonem Tonfall auf alle Provokationen: „Soso ..." „Ach ja? ..." „Ach was! ..." „Was Sie nicht sagen ...".

Auf den Punkt gebracht

Wie Sie sehen, kommt es im Umgang mit Provokateuren vor allem darauf an, entschieden zu antworten, dabei jedoch ruhig zu bleiben und niemals erregt zu reagieren. Denn sobald Sie selbst in Rage sind, hat Ihr Gegenüber sein Ziel bereits erreicht.

Der penetrante Fragensteller

Auch dieser Typus erfreut sich nicht gerade größter Beliebtheit bei seinen Gesprächspartnern, er ist jedoch alles andere als eine Seltenheit. Der Fragesteller will alles von Ihnen wissen. Die Grenze zur Indiskretion wird dabei regelmäßig überschritten. Im Gegenzug empfindet er es jedoch nicht als Widerspruch, selbst pikiert zu reagieren, wenn man ihm mit ähnlicher Neugier begegnet. Geschickt angewendet lässt sich hieraus bereits eine erste Möglichkeit ableiten, um penetranten Fragestellern zu begegnen.

In der Kantine

Frau Niemeyer ist für ihre Neugierde bekannt. Schon legt sie los: „Sagen Sie mal, was ist eigentlich jetzt mit dem Techtelmechtel von Frau Schmidt und Herrn Müller? Wann haben Sie die denn das letzte Mal gesehen? Und finden Sie nicht auch, dass sie sich negativ verändert hat?" Diesmal gerät sie jedoch an den Falschen. Herr Fischer kontert: „Warum interessiert Sie das denn? Und warum fragen Sie mich?" Frau Niemeyer hält inne …

So kommen Sie gegen ihn an

Wichtig ist auf jeden Fall, dass Sie keinesfalls etwas ausplaudern, was Sie einfach nicht sagen möchten. Lassen Sie sich also nicht bedrängen. Kontern Sie in gleicher Weise oder nutzen Sie eine humorvolle Variante Ihrer Schlagfertigkeit.

Sofort-Tipp

Penetrante Fragensteller sind übrigens dafür bekannt, dass sie so schnell nicht lockerlassen – schlagfertige Antworten wirken hier wahre Wunder.

Und wer sich einmal auf das Spiel einlässt und allzu freimütig aus dem Nähkästchen plaudert, gerät leicht in die Defensive und sieht sich plötzlich einer unangenehmen Verhörsituation ausgesetzt. Sagen Sie also nur das, was Sie bereitwillig preisgeben – jedoch nichts, was Sie lieber für sich behalten wollen. Dafür einige Beispiele:

- Zuerst natürlich der Klassiker unter den indiskreten Fragen: „Wie hoch ist Ihr Gehalt?" Ihre mögliche Antwort: „Wie viel geben Sie denn pro Monat für Alkohol aus?"; oder: „Längst nicht hoch genug!"; oder: „3056 Euro und 53 Cent, netto sind das 2083 Euro und 12 Cent, meine Miete beträgt 508 Euro, und mein Auto hat 14.500 Euro gekostet. Wollen Sie sonst noch etwas wissen?". Es spielt natürlich keine Rolle, dass alle diese Zahlen völlig aus der Luft gegriffen sind.

- Überhaupt kann Ihnen der Überraschungseffekt sehr zugute kommen, wenn Sie dem Fragensteller schlicht und ergreifend wahrheitsgemäß antworten – damit nehmen Sie ihm jeden Angriffswind aus den Segeln (natürlich kommt die Variante nur in Frage, wenn Sie die Wahrheit preisgeben wollen). „Sie sahen gestern so geistesabwesend aus. Hatten Sie Streit mit Ihrer Frau?" Ihre mögliche Antwort: „Unwahrscheinlich, wo ich doch gar nicht verheiratet bin.". Oder schlicht und einfach: „Nein, aber mein Kind war krank, und ich habe die Nacht nicht geschlafen." Diese Antwort erscheint alles andere als schlagfertig, doch sie erfüllt ihren Zweck.
- Einige Menschen fragen einfach nach allem und jedem: „Kennen Sie Frau Müller? Was machen Sie denn heute Abend? Wohin fahren Sie denn in den Urlaub? Haben Sie heute auch so wenig Lust auf Arbeit?" usw. Hier ist es oft ratsam, das Gespräch abzublocken, bevor Sie mit Fragen überschüttet werden. Vielleicht – zugegeben etwas deutlich – so: „Sie kennen doch sicher das Sprichwort ‚Sei weise – stelle dumme Fragen'. Demnach müssten Sie ganz besonders weise sein."

Auf den Punkt gebracht

Wie auch immer Sie in solchen Situationen reagieren wollen, nutzen Sie Ihre Schlagfertigkeit, um sich aus der Affäre zu ziehen. Gerade bei penetranten Fragenstellern gelingt dies besonders gut mit einigen treffenden Erwiderungen. Und lassen Sie sich von hartnäckigen Fragenstellern nichts aus der Nase ziehen, was Sie lieber für sich behalten wollen.

Der Intrigant

Nicht weniger neugierig als die penetranten Fragensteller sind die Intriganten. Hier ist ein souveräner Umgang noch weitaus notwendiger. Denn sie sind nicht nur lästig, sondern führen darüber hinaus nichts Gutes im Schilde.

Aus der Gerüchteküche

Herr Richter tuschelt: „Der Müller hat sich ja ein großes neues Auto gekauft. Kann der sich das denn leisten? Der hat doch sicher einen Kredit dafür aufgenommen, hoffentlich hat er sich da mal nicht übernommen.". Frau Schmitz lässt sich auf die Gerüchteküche nicht ein und kontert: „Ich bin mir sicher, dass Herr Müller genau weiß, was er tut. Aber fragen Sie ihn doch selbst!"

Der Intrigant ist jederzeit begierig darauf, irgendeine Besonderheit zu erhaschen, um damit hinter vorgehaltener Hand hausieren gehen zu können. Gerade das unter dem Deckmantel der Verschwiegenheit Mitgeteilte übt durch seine Exklusivität einen besonderen Reiz auf diejenigen aus, die mit ihrem besonderen Wissen die Aufmerksamkeit auf sich lenken wollen. Schnell kommt ein Wort zum anderen, die Sachverhalte werden farbenfroh ausgeschmückt.

Sofort-Tipp

Wer ein solches Spiel mitspielt, geht immer das Risiko ein, selbst mit dem anderen in eine Schublade gesteckt zu werden.

Im Umgang mit Intriganten haben Sie meist nur die Wahl zwischen zwei Möglichkeiten, von denen die eine ebenso wenig verlockend ist wie die andere: Entweder man wird zur Zielperson und muss die Machenschaften, die hinterrücks stattfinden, erdulden, oder man wird unfreiwillig zum Informanten und speist damit die ohnehin schon brodelnde Gerüchteküche.

So kommen Sie gegen ihn an

Weil Intrigen den Menschen, die hier zur Zielscheibe werden, tatsächlich ernsthaften Schaden zufügen, gibt es zunächst nur eine richtige Reaktion: Begegnen Sie Klatsch und Tratsch sowie allen Anschwärzungen stets mit allergrößter Zurückhaltung. Dies zeugt nicht nur von Courage und Verantwortungsgefühl, sondern hilft auch dagegen, schließlich selbst zum Opfer eines Intriganten zu werden.

Der schlagfertige Umgang mit Intriganten ergibt sich aus unbedingter Diskretion einerseits und dem Mut zum offenen Wort andererseits. Dafür einige Beispiele:

- Gerade im Beruf kommen Situationen wie diese recht häufig vor: „Haben Sie schon gehört, Frau Meier ist wieder ein wichtiger Kunde durch die Lappen gegangen. Die kann ja gar nichts, meinen Sie nicht auch?". Ihre mögliche Antwort: „Das kann ich nicht beurteilen. Sprechen Sie doch bitte selbst mit Frau Meier!"
- Oft werden auch Kleinigkeiten als vermeintliche Sensationen hoch gekocht, um die Zunge des Gesprächspartners zu lockern: „Haben Sie es mitbekommen? Frau Schröder ist diese Woche schon zweimal zu spät ge-

kommen. Was da wohl wieder los ist?" Ihre mögliche Antwort: „Da will ich gar nicht spekulieren, dafür kann es ja tausend Gründe geben."

Womöglich wird der Kollege noch mal nachhaken: „Mir ist ja mal zu Ohren gekommen, dass die oft einen über den Durst trinkt. Ihre Antwort: „Wie das Sprichwort schon sagt: ‚Ich weiß vom Hörensagen nur, dass man vom Hörensagen nichts wirklich weiß.' Warum interessieren Sie sich denn so für Frau Schröder?"

In vielen Fällen lässt sich die eigene Schlagfertigkeit bekanntlich mit einer Prise Humor würzen. Im Fall des Intriganten ist davon eher abzuraten. Hier empfiehlt sich, ihm mit ausgesuchter Sachlichkeit zu begegnen, um nicht einmal den Anschein zu erwecken, man sei an solchen Taktlosigkeiten interessiert. Hier gilt es vor allem, klare Grenzen zu stecken und den eigenen Mitteilungsdrang zu bremsen.

Auf den Punkt gebracht

Reagieren Sie auf Klatsch und Co. immer skeptisch und beteiligen Sie sich keinesfalls aktiv daran. Setzen Sie stattdessen auf Gradlinigkeit und Offenheit – so lassen sich viele dubiose Machenschaften hinter den Kulissen ausbremsen. Wer die Dinge beim Namen nennt, Probleme offen und zugleich respektvoll anspricht, gibt damit ein unmissverständliches Statement über sich selbst ab – und wer sich daran beteiligt, Lappalien an die große Glocke zu hängen, eben auch.

Das Unschuldslamm

Auf den ersten Blick ist das Unschuldslamm ein harmloser Fall. Doch hier lauern die Tücken wie so oft im Detail: Das Unschuldslamm weiß grundsätzlich von gar nichts, trägt niemals die Verantwortung, hat mit Fehlern und Missgeschicken absolut gar nichts zu tun, kann nie etwas dafür und ist natürlich immer völlig unschuldig.

Und das heißt gleichzeitig auch: Die Schuld für Unannehmlichkeiten jeder Art wird regelmäßig bei anderen gesucht, Unbeteiligten in die Schuhe geschoben und auf Dritte abgewälzt. Hier ist es dann kein großer Schritt mehr, die Sachlage mit teilweise erstaunlicher Dreistigkeit zu verdrehen und zu verfälschen – es wird gelogen. Genau das kann die Gesprächspartner des Unschuldslamms zur Verzweiflung treiben.

Im Kundenservice

Eine Reklamation liegt wochenlang unbearbeitet bei Herrn Fuchs auf dem Tisch. Schließlich beschwert sich der Kunde. Herr Fuchs versucht sich herauszureden: „Das hatte ich im Stress völlig vergessen, und außerdem dachte ich, dass Kollege Müller dafür zuständig ist. Der hätte mir ja ruhig mal sagen können, dass ich das erledigen soll." Doch Teamleiter Hartmann weiß mit dem Unschuldslamm umzugehen: „Wer eine Reklamation annimmt, trägt auch die volle Verantwortung, dass sie zur Zufriedenheit des Kunden erledigt wird – das ist einer der Grundsätze unseres Unternehmens."

So kommen Sie gegen ihn an

Weil das Abstreiten und Vernebeln hier schon zur Marotte geworden ist, sollten Sie in solchen Fällen höchste Aufmerksamkeit an den Tag zu legen. Denn: Wenn man erst im Nachhinein merkt, woher der Wind weht, ist es umso schwieriger, die Sachlage zu korrigieren. Beim schlagfertigen Umgang mit dem Unschuldslamm gilt es also, auf der Hut zu sein. Dafür einige Beispiele:

- In einem Unternehmen ist noch eine wichtige Arbeit zu erledigen, bei der alle Mitarbeiter gebraucht werden. Natürlich sind alle bereit, nur eine hat ausgerechnet an diesem Tag früher Feierabend gemacht. Am nächsten Tag wird sie darauf angesprochen, sie entgegnet: „Mich hat niemand über eine so dringende Sache informiert. Davon wusste ich gar nichts. Ansonsten wäre ich natürlich länger geblieben.". Ihre mögliche Antwort: „Man hört eben nur, was man hören will. Komisch, dass mit Ihrer Ausnahme alle sehr gut informiert waren."

- Natürlich taucht das Unschuldslamm nicht nur im beruflichen Bereich auf. Gerade im Privaten geht es jedoch meist um ganz profane Dinge wie zum Beispiel die gerechte Haushaltaufteilung. Sie: „Du hast schon seit Tagen nichts mehr in der Küche gemacht!" Er: „Du weißt doch, die viele Arbeit, und dann auch noch die Rückenschmerzen." Darauf sie ironisch: „Ja, ich erinnere mich, die Sportschau am Sonntag war mit enormer Arbeit verbunden. Vielleicht kommen die Rückenschmerzen aber auch von der harten Couch, wir sollten mal über eine neue nachdenken."

Auf den Punkt gebracht

Machen Sie sich nichts vor und lassen Sie sich vom Unschuldslamm nicht um den Finger wickeln. Schenken Sie Ihrem Gegenüber reinen Wein ein und lassen Sie unbedingt durchblicken, was Sie über die Ausreden und Ausflüchten wirklich denken. Ironie kann hier wahre Wunder bewirken.

Der Schaumschläger

Er ist der Beste von allen, in jeder Hinsicht vollkommen, einfach tadellos, er kann und weiß alles am besten und ist einfach perfekt – zumindest, wenn man der Selbstdarstellung des Schaumschlägers Glauben schenkt.

Die Heldentat

Jürgen kommt in der Kneipe wieder mal auf seine Heldentaten zu sprechen: „Neulich hat sich meine Freundin ein neues Regal gekauft. Mit dem Aufbauen kam sie überhaupt nicht klar. Erst als ich kam, war die Sache ruckzuck erledigt!" Martin antwortet mit einem Augenzwinkern: „Der eine hats eben im Kopf, der andere in den Händen!"

Der Schaumschläger wird sich nie freiwillig eine Blöße geben, Unzulänglichkeiten oder Fehler einzugestehen. Alles will er bravourös erledigen, und alle anderen sollen das anerkennen. Er will alles an sich reißen, und kann es nicht ausstehen, wenn andere besser dastehen als er selbst. Überhaupt sind aus seiner Sicht Kollegen oder auch

Freunde weder schnell noch gut genug, in Sachen Intelligenz können sie sich nicht mit ihm messen. Diese überhöhte Selbsteinschätzung bringt ein Imponiergehabe mit sich, das einzig zum Ziel hat, die eigene Intelligenz und Kompetenz ins alleinige Zentrum zu rücken. Diese Prahlerei geht nahezu jedem auf die Nerven. Und kaum jemand ist bereit, dem Schaumschläger die – wie er meint – verdiente Anerkennung zu schenken. Deshalb arbeitet er auch mit Tricks und schreckt nicht einmal davor zurück, sich mit den Lorbeeren anderer zu schmücken.

So kommen Sie gegen ihn an

Vorsicht ist vor allem geboten, wenn man den Schaumschläger auf frischer Tat ertappt oder gar kritisiert. Denn auf Kritik reagiert er geradezu allergisch. Daher erfordert ein Umgang mit Schaumschlägern immer viel Geschick. Auf keinen Fall sollte man jedoch auf sein Gehabe anspringen und seine glorreichen Taten idealisieren. Das würde ihn nur zu weiteren „Glanzleistungen" und Geprahle motivieren. Dafür einige Beispiele:

- Der Schaumschläger neigt dazu, das Ruder zu übernehmen und so anderen ins Handwerk zu pfuschen: „Lass mich das mal machen, ich habe das schon tausendmal gemacht!" Ihre mögliche Antwort: „Davon bin ich überzeugt, aber ich muss das ja auch mal lernen, sonst werde ich nie so ein toller Hecht wie Du!" Oder: „Ich habe das erst hundertmal gemacht, werde es aber auch diesmal alleine schaffen."

- Teamarbeit ist nicht seine Sache. Hat das Team einen Erfolg zu verbuchen, geht natürlich alles auf sein Konto. Er erzählt einem Kollegen aus einer anderen Abteilung: „Beinahe hätten wir den Auftrag nicht bekommen, aber zum Glück konnte ich den Kunden dann doch noch überzeugen!" Die mögliche Antwort: „Wenn wir Dich nicht hätten, wären wir bestimmt schon lange pleite." Oder: „Eure Abteilung hat wirklich gute Arbeit geleistet. Es zahlt sich eben aus, wenn sich ein Team gegenseitig ergänzt." Oder: „Wir werden Dich fürs Bundesverdienstkreuz vorschlagen!"

Sie merken, Schlagfertigkeit ist ein optimales Mittel, um mit schwierigen Menschen umzugehen und um brenzlige oder einfach unangenehme Situationen zu entschärfen. Doch auch die besten Erwiderungen führen nur dann zum Erfolg, wenn sie auch tatsächlich die gewünschte Wirkung beim Gegenüber erzielen. Wird die Situation falsch eingeschätzt, kann so mancher Schuss schnell nach hinten losgehen. Und genau das gilt es natürlich zu vermeiden. Dafür erforderlich sind ein kühler Kopf, eine gute Portion Menschenkenntnis und Einfühlungsvermögen.

Auf den Punkt gebracht

Was im privaten Bereich überaus passend ist, kann im Beruf völlig unpassend sein, und umgekehrt. Ihre Antworten sollten Sie also auf die jeweilige Situation abstimmen. Aber: auch auf das jeweilige Gegenüber. Die alte Faustregel „Erst genau zuhören, dann nachdenken und erst danach antworten" klingt vielleicht etwas altmodisch, doch sie trifft den Kern der Sache.

Ihre Schlagfertigkeits-Werkzeuge

Schlagfertigkeit ist ein geeignetes Mittel, um sich selbst und die eigenen Interessen zu verteidigen. Oft ist Schlagfertigkeit jedoch auch eine Chance, den Funken zum Gesprächspartner überspringen zu lassen. Sie kann zum inspirierenden Spiel werden, bei dem sich versierte Gesprächspartner gegenseitig den Ball zuspielen. Doch gerade diese schöne Form der Schlagfertigkeit setzt voraus, dass sich beide auf einer Wellenlänge befinden.

Sofort-Tipp

In Gesprächen kommt es keineswegs darauf an, geradewegs in die Waffenkammer zu greifen und dem Gegenüber das Leben schwer zu machen. Schwere Geschütze sollten vielmehr eine Ausnahme bleiben. Allerdings verschafft Ihnen das Wissen, den Attacken eines feindselig gestimmten Gegenübers nicht hilflos ausgeliefert zu sein, mehr Sicherheit.

Wenn Sie nun im Gespräch auf einen Menschen treffen, der es trotz all Ihrer Bemühungen partout darauf anlegt, Sie ins Bockshorn zu jagen, ist es natürlich mehr als zweckmäßig, auf das zur Verfügung stehende Arsenal schlagfertiger Repliken zurückzugreifen. Mit Bedacht angewandt, lässt sich eine Eskalation so oft sogar noch verhindern, allein weil Ihr Gegenüber schnell erkennt, dass Sie gewappnet sind. Wie Sie schon gesehen haben, geht es bei der Schlagfertigkeit nicht darum, nach der Schrotgewehr-Methode willkürlich eine Breitseite abzufeuern, in der

Hoffnung, dass schon irgendein Treffer gelandet wird. Sie setzt vielmehr auf punktuelle und dafür umso zielsichere Schlagfertigkeitstreffer. Um hier in jeder Situation und für jeden Menschentyp die jeweils beste Antwort parat zu haben, braucht es einen gewissen Variantenreichtum rhetorischer Stilmittel und Strategien.

Hier das richtige Werkzeug zur Hand zu haben, hilft Ihnen gleich in zweierlei Hinsicht: Mit dem passenden Werkzeug können Sie sich aus verfahrenen Situationen retten. Gleichzeitig erkennen Sie schnell, wenn Ihr Gesprächspartner in seine Werkzeugkiste greift, um den Hebel bei Ihnen anzusetzen.

Nun sollen Sie jedoch nicht jederzeit eine voll beladene Werkzeugkiste mit sich herumschleppen. Der wahre Meister braucht keine 1000 Werkzeuge, sondern kann mit einigen wenigen nahezu jede Situation bewältigen. Je versierter Sie im Umgang mit Ihrer Schlagfertigkeit werden, umso weniger Instrumente werden Sie benötigen, um optimale Ergebnisse zu erzielen. Nachfolgend finden Sie in übersichtlicher Form ein praktikables Repertoire verschiedener Schlagfertigkeits-Strategien. Entdecken Sie, welche dieser Mittel zu Ihnen passen, was Ihnen leicht über die Lippen geht und welche Instrumente Sie ganz persönlich bevorzugen. Wenn Sie so Ihre favorisierten Instrumente gefunden haben, können Sie darangehen, Ihre Techniken zu vervollkommnen – schließlich werden Sie sich eine handliche, ganz persönliche Werkzeugtasche zusammenstellen können, aus der Sie sich dann nur noch zu bedienen brauchen. Mit nur etwas Übung werden Sie – wieder ganz so wie der Meister – intuitiv zum genau richtigen Werkzeug greifen und sind so für alle Gelegenheiten gerüstet.

Auf den Punkt gebracht

Schlagfertigkeit ist ein geeignetes Mittel, seine Interessen zu vertreten. Aber es kann auch eine Chance sein, sich gegenseitig die Bälle zuzuwerfen. Je besser Sie über die verschiedenen Techniken Bescheid wissen, desto treffsicherer werden Sie diese auch anwenden können. Und: nicht jede Technik ist für jeden geeignet. Überlegen Sie, welche Technik zu Ihnen passt!

Die Hinweis-Frage-Technik

Eine der einfachsten Schlagfertigkeitstechniken besteht darin, die Aussage des Angreifers mit einem Hinweis aufzufangen. Diese Technik ist besonders bei Angriffen geeignet. Durch den Hinweis machen Sie Ihren eigenen Standpunkt klarer und können so zur schlagfertigen Antwort übergehen.

Im Kundengespräch

Frank Schulz ist Außendienstmitarbeiter. Wieder einmal kommt im Verkaufsgespräch die Rede auf den Preis. Und wieder einmal hört er: „Das ist doch viel zu teuer." Früher hätte er meist mit einer Gegenfrage geantwortet: „Wieso? Das ist doch nicht so viel." Heute reagiert er jedoch anders: „Gut, dass Sie das ansprechen. Womit vergleichen Sie denn den Preis?" Frank Schulz weiß, dass er durch den Hinweis das Gespräch meist in ruhigere Bahnen lenken kann.

Kommunikation lässt sich oft mit einem Ballspiel vergleichen. Mit einer Frage werfen Sie dem Gesprächspartner einen Ball zu, mit einem Hinweis fangen Sie den Ball auf. Bei der Hinweis-Frage-Technik geht es, bildlich gesprochen, im ersten Moment darum, den Ball nicht aus der Luft heraus zurückzuschlagen, sondern darum, diesen tatsächlich auch aufzufangen.

Sofort-Tipp

Gewöhnen Sie sich an, sofort mit einem Hinweis zu reagieren, dann haben Sie auch genügend Zeit, sich eine passende Antwort oder eine Frage zu überlegen

Doch so einfach es klingt, gerade beim Auffangen des Balls lässt sich so einiges falsch machen. Achten Sie besonders auf folgende Punkte:

- Formulieren Sie den Hinweis so, als würde danach keine Frage mehr kommen. Als ganzen Satz und mit klarer Satzmelodie nach unten – also auf den Punkt gebracht!
- Achten Sie auf Ihre Körpersprache! Verschränkte Arme, abweisende Hände oder ein Wegdrehen des Körpers vermitteln Ihrem Gesprächspartner Signale, die nichts mit Souveränität, Standfestigkeit und Schlagfertigkeit zu tun haben.
- Widerstehen Sie der Versuchung, statt eines Hinweises eine sofortige Gegenfrage zu bringen! Oft besteht die Versuchung, ein schnelles „Warum?“ zu entgegnen. Dies wirkt jedoch nicht souverän. Mit dieser Vorgehensweise würden Sie – bildlich gesprochen – den Ball nicht gezielt auffangen, sondern unsicher abwehren.

- Legen Sie sich einen Vorrat passender Hinweise zurecht: „Das ist interessant, dass Sie das sagen.", „Erstaunlich, dass Sie das ansprechen.", „Ja, das ist ein wichtiger Punkt.", „So eine Aussage hätte ich nicht von Ihnen erwartet.", „Ihre Aussage ist unter der Gürtellinie."

Wichtig ist, dass Sie Ihren Hinweis gelassen und souverän „auf den Punkt" bringen. Sie signalisieren damit, dass Sie es nicht nötig haben, sich zu verteidigen oder Angriffe sofort abzuwehren, sondern demonstrieren damit Ihre Stärke, auch „große Bälle" aufzunehmen. Doch der Ball sollte nicht bei Ihnen liegen bleiben. Sie müssen ihn auch wieder ins Spiel bringen. Dies geschieht durch eine Frage, die Sie dem Hinweis folgen lassen. Je stärker Sie durch den Hinweis den Ball aufgefangen haben, desto gezielter wirkt die Frage. Achten Sie darauf, nach Möglichkeit nicht nur ein Fragewort zu stellen, sondern einen ganzen Satz als Frage zu formulieren.

Am schlagkräftigsten sind offene Fragen, bei denen Ihr Gesprächspartner gefordert ist, mehr zu sagen als „Ja" oder „Nein". Offene Fragen (oder auch W-Fragen) zwingen Ihren Gesprächspartner dazu, nachzudenken. Dies macht diese Fragen so zielführend. Einige Beispiele:

- „Was Sie hier präsentieren, ist uninteressant!"
  „Das erstaunt mich." (Hinweis) „Was wäre denn für Sie interessanter?" (W-Frage)

- „Ihre Produkte sind zu teuer!"
  „Wir sind in der Tat nicht die Billigsten." (Hinweis) „Wie viel möchten Sie denn ausgeben?" (W-Frage)

- „Die Präsentation ist nicht auf dem aktuellsten Stand."
  „Ja, die Zahlen sind vom letzten Monat." (Hinweis)
  „Wie aktuell liegen Ihnen die Zahlen vor?" (W-Frage)

Auf den Punkt gebracht

Die einfachste Schlagfertigkeitstechnik besteht darin, mit einem Hinweis seine eigene Souveränität zu demonstrieren und mit einer gezielten Frage den Spieß umzudrehen und die Gesprächsführung zu übernehmen. Denn: wer fragt, der führt.

Die Hinweis-Aufforderung-Technik

Diese Methode ist eine Variante der Hinweis-Frage-Technik. Hier wird – bildlich gesprochen – der Ball mit noch mehr Kraft ins Spiel zurückgebracht. Dies geschieht durch eine Aufforderung, die Sie dem Hinweis folgen lassen. Achten Sie darauf, dass die Aufforderung klar erkennbar ist. Ihr Gesprächspartner soll wissen, was er jetzt tun muss.

Der neue Projektleiter

Herrn Winter wurde die Leitung der neuen Projektgruppe übertragen. Am Tag danach läuft er Herrn Pohl in die Arme, der missmutig verkündet: „Sie sind ja gar nicht geeignet für diesen Posten." Herr Winter weist diese Aussage klar zurück: „Es geht hier nicht um Ihre persönliche Meinung. Akzeptieren Sie einfach die Entscheidung!".

Die Hinweis-Aufforderung-Technik ist besonders geeignet, wenn Sie den Angreifer in seine Schranken weisen oder wenn Sie sich klar abgrenzen möchten. Einige Beispiele:

- „Wie denken Sie denn über unser Wein-Angebot, das wir Ihnen hier und heute am Telefon offerieren?"
  „Ich habe kein Interesse, mit Ihnen darüber zu diskutieren." (Hinweis) „Verschonen Sie mich bitte in Zukunft mit derartigen Anrufen!" (Aufforderung)
- „Ihre Präsentation ist schlecht."
  „Das erstaunt mich, dass Sie das sagen." (Hinweis) „Sagen Sie doch bitte, was Sie anders machen würden!" (Aufforderung)

Auf den Punkt gebracht

Den Ball auffangen und zurückwerfen. Mit einer deutlichen Aufforderung sorgen Sie dafür, dass Ihr Argument auch wirklich beim Gesprächspartner landet. Üben Sie, Hinweis, Frage und Aufforderung voneinander klar zu unterscheiden.

Die Bumerang-Technik

Hier geht es darum, den Ball gar nicht erst aufzufangen, sondern ähnlich einem Bumerang wieder zum Gesprächspartner zurückzuspielen. Sie signalisieren dadurch, dass Sie sich nicht gegen einen Vorwurf verteidigen müssen, sondern dass der Vorwurf im Gegenteil für Ihre Argumentation spricht. Sie machen sich die Argumentation Ihres Gesprächspartners zu eigen.

Im Akquisegespräch

Tobias Müller stellt sich als Trainer vor. Die Antwort des Personalentwicklers klingt ernüchternd: „Wir brauchen keinen neuen Weiterbildungsanbieter, wir haben ein Trainingsunternehmen, mit dem wir seit zehn Jahren sehr gut zusammenarbeiten." Doch Herr Müller lässt sich nicht entmutigen: „Gerade weil Sie schon so lange zusammenarbeiten, kann es sinnvoll sein, auch mal andere Herangehensweisen kennen zu lernen."

Diese Technik ist äußerst effizient, wenn in Diskussionen unterschiedliche Positionen aufeinanderprallen. In Streitgesprächen wird ein Gegenüber häufig versuchen, Sie mit möglichst plausiblen Argumenten aus der Reserve zu locken und in die Ecke zu drängen. Er wird zu Argumenten greifen, die Ihrem Anliegen genau widersprechen. Nichts ist wirkungsvoller, als die vom Kontrahenten ursprünglich als Gegenargument gedachte Äußerung so umzumünzen, dass sie unversehens vom Kontra- zum Pro-Argument wird. Ihre Antwort geht dabei immer von der Äußerung Ihres Gegenübers aus und beinhaltet meist ein „gerade deshalb" oder „gerade weil".

- „Sie haben doch gar keine Erfahrung auf dem Gebiet!"
  „Gerade deshalb bin ich mir sicher, etwas frischen Wind in die Sache bringen zu können."
- „Die Preise sind aber recht hoch."
  „Gerade deswegen sollten wir jetzt zusammen den Bedarf ausrechnen und eine Liefervereinbarung treffen. So kann es für Sie günstiger werden."

- „Das haben wir noch nie so gemacht!“
  „Dann wird es aber höchste Zeit.“

Sofort-Tipp

Sie können die Bumerang-Technik noch verstärken, indem Sie eine Frage oder Aufforderung anschließen.

!

Wichtig bei der Bumerang-Technik ist, dass wir sie nicht zu häufig verwenden, denn sie kann auf Dauer doch etwas plump und einfallslos wirken. Am besten kombinieren Sie die Bumerang-Technik mit anderen Antwortmöglichkeiten.

Auf den Punkt gebracht

Bei der Bumerang-Technik nutzen Sie die Argumentation Ihres Gegenübers für sich. Oft hilft die Formulierung „Gerade deswegen ...“. Mit der Bumerang-Technik signalisieren Sie Souveränität. Doch achten Sie darauf, diese Technik nicht zu häufig anzuwenden!

Die Schweige-Technik

Bei dieser Technik geht es nicht um eine schnelle und kreative Antwort, sondern Sie signalisieren Ihrem Gegenüber, dass Sie auf weitere Informationen warten.

Schweigen ist Gold

Herr Roth wettert: „Bei der letzten Aktion von Ihnen lief ja einiges schief!" Frau Müller schweigt. Es ist jedoch kein verlegenes Schweigen, sondern ein neugierig-abwartendes Schweigen. Herr Roth setzt nach, nun etwas ruhiger: „Ja, weil ich erwartet hatte, dass ...". Nun ist der Weg frei für ein sachliches Gespräch.

Bei der Schweige-Technik ist es entscheidend, den Blickkontakt zu halten und Neugierde oder Erstaunen mit entsprechender Mimik zu signalisieren. Sie wird zum Beispiel häufig im Verkauf (bei Preiseinwänden) angewandt. Unerfahrene Verkäufer versuchen auf einen Einwand wie „zu teuer" sofort mit „Ja, aber..." zu parieren. Verkäufer mit mehr Erfahrung warten häufig ab, nutzen die Schweige-Technik. Und in den meisten Fällen erfahren sie schließlich vom Kunden die Hintergründe zu dieser Aussage.

Es braucht einiges an Training, bis wir das Schweigen aushalten können. Das Entscheidende ist, dass Ihr Gegenüber früher oder später beginnt, seine Aussage oder seinen Angriff zu erläutern oder zu präzisieren. Sie gewinnen also Zeit und setzen den anderen unter Druck, seine Beweggründe offen zu legen.

!

Sofort-Tipp

Versuchen Sie die Schweige-Technik doch mal bei Ihrem nächsten größeren Einkauf. Sie werden überrascht sein, wie viele Verkäufer allein durch Ihr Schweigen angestachelt werden, Rabatte zu geben.

Machen Sie sich jedoch bewusst, dass die Schweige-Technik eine Gratwanderung darstellt. Wie kommt Ihr Schweigen an? Es kann zum einen als Flucht, als Rückzug verstanden werden, oder aber als souveränes Aushalten der Stille. Wenn Sie es nicht schaffen, den Blickkontakt zu halten, haben Sie verloren. Auch wenn Sie es nicht schaffen, eine neugierig-überlegene Mimik an den Tag zu legen, haben Sie verloren.

Auf den Punkt gebracht

Es muss nicht immer die schnelle Antwort sein. Manchmal kann es auch hilfreich sein, zu schweigen. Üben Sie, die Sekunden der Stille auch auszuhalten!

Die Ein-Zweisilben-Technik

Diese Methode erscheint zunächst nicht sehr einfallsreich, sorgt aber für Verblüffung und ist allemal gut, um Zeit zu gewinnen. Zudem signalisieren Sie, dass Sie sich nicht so leicht aus der Ruhe bringen lassen. Im Gegenteil – ein beiläufiges oder ironisches „Aha" zeigt jedem Angreifer, dass seine Vorstöße nicht besonders ernst genommen werden. Man zeigt sich nicht weiter beeindruckt und fährt unbeirrt mit der eigenen Argumentation fort.

In der Diskussion

Bei der Mitgliederversammlung ergibt ein Wort das andere. Herr Schwarz ruft: „Du denkst doch nur daran, wie Du den Verein ruinieren kannst!" Herr Schmidt bleibt ruhig: „Aha."

Wichtig ist, dass Sie auf den Angriff ansonsten gar nicht weiter eingehen. Mit Ihrem „Aha" ist bereits alles gesagt, weitere Worte sind nicht zu verlieren – besonders wirkungsvoll ist natürlich noch ein entsprechender, leicht gelangweilter Gesichtsausdruck.

Nutzen Sie diese Technik jedoch nur in Maßen und nur bei unsachlichen Angriffen, denn sie kann die Gesprächsatmosphäre leicht vergiften. Sparsam eingesetzt, kann man jedoch für klare Verhältnisse sorgen und neckische Gesprächspartner abhalten, nochmals Angriffe zu starten.

- „Ihre Vorschläge erscheinen mir aus der Luft gegriffen!"
  „Aha."
- „Ihre Meinung interessiert mich nicht die Bohne!"
  „So, so."
- „Sie haben aber auch schon mal besser ausgesehen!"
  „Ja, ja."

Auf den Punkt gebracht

Nicht jede Antwort muss umfangreich ausfallen. Als Hilfe bei unsachlichen Angriffen genügt es, einfach zu signalisieren, dass wir uns nicht beeindrucken lassen. Ein bis zwei Silben, ein deutliches „Aha." oder „So, so." genügt. Achten Sie jedoch darauf, dass Sie diese Technik nicht zu häufig anwenden. Denn schließlich sollte Ihnen an einer konstruktiven Gesprächsführung gelegen sein.

Die Gelassenheits-Technik

Die Situation: Ihr Gegenüber will Sie nervös machen und erreichen, dass Sie Ihre Fassung verlieren. Wenn Sie stattdessen jedoch die Ruhe selbst bleiben, verpuffen viele Angriffe wirkungslos. Sie können Ihre Ruhe und Gelassenheit natürlich mit der eben erwähnten Ein-Zweisilben-Technik demonstrieren, meist ist es jedoch zweckmäßiger, mit mehr als nur einer Silbe zu antworten. Dabei kommt es auf eine betonte Sachlichkeit an. Ihre Erfahrenheit, Kompetenz und Professionalität stehen dabei natürlich völlig außer Zweifel, und genau so antworten Sie auch auf mögliche Angriffe. Nicht verärgert, sondern gelassen! Nicht verteidigend, sondern überrascht. Nicht auf sich bezogen, sondern neugierig auf die Argumente des Gesprächspartners, der offensichtlich nicht imstande ist, sachlich zu argumentieren.

- „Können Sie nicht aufpassen? Das wäre überhaupt nicht nötig gewesen, wenn Sie aufgepasst hätten! Wo haben Sie bloß Ihren Kopf gehabt?"
  „Ganz ehrlich, lohnt sich so viel Wind wegen einer solchen Lappalie?"
- „Das ist alles Mist, was Sie da gemacht haben. Muss ich Ihnen jetzt Ihre Arbeit erklären?"
  „Ein ganz anderer Vorschlag meinerseits: Atmen Sie erst einmal tief durch, bevor Sie loslegen – das soll wahre Wunder bewirken! Was stört Sie denn?"
- „Was Sie sich da wieder geleistet haben!"
  „Sie kennen doch Shakespeares ‚Viel Lärm um nichts', oder?"

Auf den Punkt gebracht

Die Gelassenheits-Technik ist erste Wahl, wenn Ihr Gesprächspartner drauf und dran ist, Sie nervös zu machen. Treten Sie für einen Moment hinter sich und reagieren Sie betont sachlich!

Die Zustimmungs-Technik

Nutzen Sie den Überraschungseffekt und verblüffen Sie Ihren Gesprächspartner – genau dies ist eines der obersten Ziele der Schlagfertigkeit. So können Sie zum Beispiel fast jedem den Wind aus den Segeln nehmen, indem Sie auch einer wenig schmeichelhaften Äußerung Ihres Gegenübers geradewegs zustimmen, statt hier erwartungsgemäß auf Konfrontationskurs zu gehen. Auf diese Weise wird es wohl jedem Angreifer äußerst schwer fallen, noch einmal nachzusetzen.

Der Marketingplan

Herr Ritter ist an der Planung der Werbebroschüren für das kommende Jahr. Vertriebsleiter Geier bafft: „Sie wissen doch gar nicht, wie es bei unseren Kunden vor Ort aussieht.“ Herr Ritter braucht sich nicht zu verteidigen, sondern antwortet gelassen: „Ja, das stimmt. Wie es vor Ort genau aussieht, wissen die einzelnen Außendienstmitarbeiter natürlich besser. Und deshalb sitzen wir ja hier.“.

Besonders effektiv ist diese Methode, wenn Sie der Zustimmung gleich noch eine kleine Präzisierung hinterherschicken. Diese Ergänzung sollte jedoch nicht der Rechtfertigung oder Verteidigung dienen, sondern deutlich machen, dass Sie hier entsprechende Vorstellungen haben.

Sofort-Tipp

Ersparen Sie sich nervenaufreibende Diskussionen und üben Sie die Zustimmungs-Technik hin und wieder im Privaten.

Hier einige Beispiele:

- „Sie wollen doch nur Geld verdienen!"
  „Ganz genau, und das können wir nur, wenn Sie mit unseren Produkten zufrieden sind."
- „Du bist geldgierig."
  „Ja, wie Recht Du hast! Geld macht glücklich."
- „Du kannst schlecht mit Menschen umgehen."
  „Ja, da ist etwas dran; ich such mir immer die falschen Freunde."

Auf den Punkt gebracht

Statt sich zu verteidigen, sollten Sie überlegen ob Sie nicht einfach dem Vorwurf zustimmen können. Nicht pauschal, sondern für einen Teil der Vorwürfe. So nehmen Sie Ihrem Gegenüber den Wind aus den Segeln.

Die Übertreibungs-Technik

Bei dieser Technik stimmen Sie dem Vorwurf des Gegenübers nicht einfach nur zu, sondern Sie stimmen übertrieben zu. Der Angriff läuft dadurch ins Leere. Diese Technik lässt sich besonders dann gut anwenden, wenn die Aussage Ihnen nicht wirklich nahe geht. Sie müssen also souverän genug sein, die Übertreibung auch auszuhalten.

Ach wenn es doch nur schon soweit wäre

Herr Lüttich hat einen tollen Abend auf dem Betriebsfest. Nur dass Frau Müller sich so gut mit dem Hinze versteht, geht ihm gegen den Strich: „Eine Frau wie Sie sollte sich einem wie dem Hinze nicht so an den Hals werfen, Frau Müller." „Ach Herr Lüttich, wenn Sie wüssten! Auf der Stelle heiraten würde ich ihn! Mit allem, was dazu gehört: Doppelhaus, Kinder und Kompaktwagen. Kennen Sie das Gefühl?"

Denken Sie auch hier daran: Selbst wenn Sie der Aussage des Gegenübers übertrieben zustimmen und diese dadurch ins Lächerliche ziehen, spricht nichts dagegen, im Anschluss daran ernsthafte Fragen stellen, um entweder auf der Sachebene eine Klärung herbeizuführen oder aber um das Gespräch in die Hand zu nehmen. Sie können natürlich auch mit einem charmanten Lächeln die Aussage so stehen lassen. Auf keinen Fall sollten Sie die Übertreibungs-Technik aber zu häufig einsetzen, sonst besteht die Gefahr, dass Sie nicht mehr ernst genommen werden. Bei der richtigen Dosierung kann sie jedoch Gesprächen eine pfiffige Note geben.

Sofort-Tipp

Üben Sie im Stillen, sich für alltägliche Situationen Übertreibungen bildlich vorzustellen. Der heiße Kaffee wird zum glühenden Grillanzünder, der missmutige Nachbar der Teufel in Person. Damit werden auch alltägliche Situationen plötzlich spannend und für Ihr Schlagfertigkeitstraining nützlich.

Hier einige Beispiele:

- „Sie haben wohl immer etwas zu kritisieren?"
  „Ja, das stimmt. Wenn ich nicht überall einen Fehler finde, kribbelt es so in meinen Fingern. Sie glauben gar nicht, wie unangenehm das ist."
- „Sie sind aber hartnäckig."
  „Ja, ich verspreche Ihnen, ich werde nicht eher essen und schlafen, bevor ich Sie nicht von meinem Vorhaben überzeugt habe."
- „Na, der Gemüseauflauf ist ja wohl nicht gelungen."
  „Das stimmt – ob die Sondermülldeponie jetzt noch auf hat?"

Auf den Punkt gebracht

Die Übertreibungs-Technik kommt oft mit einem Augenzwinkern daher. Stimmen Sie der Aussage Ihres Gegenübers nicht nur zu, sondern gehen Sie noch einen Schritt weiter. Damit verliert nahezu jeder Angriff an Wirksamkeit.

Die Kompliment-Technik

Wenn ein Angreifer schon nicht mit Ihrer Zustimmung rechnet, kann es ihn völlig aus dem Konzept bringen, wenn Sie nicht nur Zustimmung signalisieren, sondern ihm obendrein noch Komplimente machen. Und nur wenige Menschen werden auf ein Kompliment mit weiteren Verbalattacken reagieren. Vor allem wenn Ihr Gesprächspartner arrogant und überheblich auftritt, können Sie ihn mit einer solchen unvorhersehbaren Reaktion Ihrerseits vom Konfrontationskurs abbringen – denn ein Kompliment wird sicher das letzte sein, was er als Antwort erwartet.

Ein Zwischenruf bei der Präsentation

Frau Müller steht vor der versammelten Runde und erklärt die geplante Vorgehensweise. Herr Rüde platzt dazwischen: „Da habe ich aber ganz andere Erfahrungen gemacht." Frau Müller vergibt aus einer souveränen Haltung heraus ein Kompliment: „Gut, dass Sie Ihre Erfahrungen einbringen. Sie sind ja tatsächlich einer derjenigen, die am längsten im Projekt einbezogen waren. Was sind denn Ihre Erfahrungen?" Die anderen Teilnehmer verdrehen die Augen, aber alle wissen: wenn Herr Rüde mal ein Kompliment bekommen hat, dann gibt er für den Rest der Besprechung Ruhe.

Die Kompliment-Technik lässt sich natürlich auch in der bissigeren Variante mit falschen Komplimenten anwenden. Diese Vorgehensweise ist allerdings nur ratsam, wenn Sie an einer gemeinsamen Verständigung ohnehin nicht mehr interessiert sind. Oder wenn Sie aufgrund der Angriffe Ihres Gegenübers gezwungen sind, gröbere Geschütze aufzufahren. Mit falschen Komplimenten können Sie Ihr Gegenüber in ein schlechtes Licht rücken.

Echte Komplimente signalisieren hingegen, dass Sie sich von den Argumenten nicht „umhauen" lassen, sondern sogar imstande sind, dem Gesprächspartner unverdient Wertschätzung entgegenzubringen.

- „Ich sehe das völlig anders!"
  „Bestimmt gibt es andere Perspektiven. Weil ich Ihre Urteilskraft sehr schätze, sollten wir überlegen, wo die Unterschiede in der Herangehensweise sind."
- „Das ist ja wohl das Letzte, was Sie mir hier verkauft haben. Schon nach einem Mal Waschen ist der Pullover ausgebleicht." „Gut, dass Sie da gleich bei uns vorbeischauen."
- „Aber das neue Modell ist doch in der grünen Ausführung nur mit der Kombination blau/grau lieferbar." „Alle Achtung, Sie haben sich ja schon kundig gemacht."

Auf den Punkt gebracht

Wer Komplimente verteilt, demonstriert dadurch seine Souveränität. Tatsächlich sind viele vorgebliche Angriffe oder Einwände oft ein Bitten nach Lob und Anerkennung. Je schneller und souveräner Sie aus einem Angriff einen Aspekt herauspicken können, den Sie anerkennen können, desto leichter ist der danach folgende Umgang mit Ihrem Gesprächspartner.

Die Balldreh-Technik

Sicherlich haben Sie schon einmal von den „zwei Seiten einer Medaille" gehört. Nun, einen Ball können Sie noch von viel mehr Seiten betrachten. Bei der Balldreh-Technik geht es darum, den Ball aus verschiedenen Richtungen zu betrachten, letztlich den negativ wahrgenommenen Blick auf eine Sache in einen positiven Blick umzuwandeln. Entscheidend ist bei dieser Methode jedoch, dass Sie dem Sachverhalt grundsätzlich zustimmen können. Nur wenn „etwas dran" ist an der Sache, kann auch die Balldreh-Technik angewandt werden. Geht der Angriff jedoch ins Leere, dann sollten Sie auf diese Methode verzichten.

Hier kommt die Technik zum Einsatz

Die Balldreh-Technik finden Sie häufig auch bei Immobilienanzeigen. Aus „an lauter stinkender Straße" wird dann „gute Verkehrsanbindung". Aus „enge Wände und drückende Decken" wird dann „heimelig". Die „Bruchbude" steigert sich in der Zeitung zum „Liebhaberobjekt". Ähnliche Umschreibungen finden Sie übrigens auch in Reisekatalogen. Machen Sie sich doch einfach auf die Suche nach interessanten Sachverhalten, die „ins rechte Licht" gedreht wurden.

Das Schöne an der Balldreh-Technik ist, dass diese nicht nur eine reine Technik ist, sondern auch Ihre eigene Sicht der Dinge verändern kann. Wenn Sie sich in eine andere Sichtweise hineinversetzen können, dann können Sie auch leichter verstehen, weshalb Sie angegriffen werden.

Bei der Balldreh-Technik ermöglichen Sie also Ihrem Gesprächspartner eine positivere Sicht auf einen bestehenden Sachverhalt. Nehmen wir ein Beispiel: Wenn Ihr Gesprächspartner Sie einen „Geizhals" nennt, dann sollte die erste Überlegung sein, ob an dem Vorwurf etwas dran ist. Falls ja, dann überlegen Sie, was diesen Sachverhalt angenehmer beschreibt. Bei obiger Aussage wäre dies zum Beispiel: „sparsam" oder „wirtschaftlich" oder „auf das Budget achten". Eine mögliche Antwort könnte also lauten: „Ja, das stimmt. Ich achte darauf, dass wir im Budget bleiben."

Sofort-Tipp

Achten Sie darauf, dass Sie den Ball nicht zu stark drehen, denn dies wirkt nicht mehr glaubwürdig. Meist genügt schon eine leichte Verschiebung der Wahrnehmung.

Zur Balldreh-Technik gibt es noch eine interessante Variante. Es besteht die Möglichkeit, gedanklich vom Gegenteil auszugehen und dieses Gegenteil zu verneinen. Beim Beispiel „Geizhals" wäre das Gegenteil „Verschwender" oder „zum Fenster rauswerfen". Eine mögliche Antwort könnte also lauten: „Ja, das stimmt, ich bin kein Verschwender" oder „Ja, ich werfe das Geld nicht zum Fenster hinaus."

Achten Sie bei der Balldreh-Technik unbedingt darauf, sich nicht zu rechtfertigen, sondern dem Gesprächspartner zuzustimmen. Dies mag zu Beginn eine Überwindung sein, Sie werden jedoch feststellen, dass Ihnen diese Zustimmung – statt einer denkbaren Rechtfertigung – den Umgang mit Angriffen stark erleichtert.

- „Die Produkte sind aber teuer."
  "Ja, wir haben sehr extravagante Produkte." (oder verneint: „Ja, das stimmt. Wir haben hier keine Billigware")
- „Die Bedienung des Geräts ist ja kompliziert. "
  „Ja, das stimmt, man muss sich tatsächlich einlesen. " (oder verneint: Ja, das ist nichts, mit dem Sie einfach mal so loslegen können. ")
- „Sie haben für das Produkt sehr lange Lieferfristen."
  „Ja, da haben Sie Recht. Es ist im Moment sehr gefragt." (oder verneint: „Ja, dieses Produkt ist nicht vorrätig, sondern es wird nach Bestellung gefertigt.")
- „Ihre Software hat ja sehr wenige Funktionen.
  „Ja, das stimmt. Die Software konzentriert sich auf die wesentlichen Funktionen." (oder verneint: „Ja, das stimmt. Wir haben hier nicht allen möglichen Schnickschnack eingebaut.")

Auf den Punkt gebracht

Stellen Sie einen Sachverhalt ins rechte Licht! Aber übertreiben Sie nicht! Mit der Balldreh-Technik stehen Sie zu einem Sachverhalt. Allerdings so, dass auch Ihre Sichtweise widergespiegelt wird.

Die Aufschiebe-Technik

Natürlich werden Sie nicht jeden Tag gleich spontan und gleich schlagfertig sein. Manchmal ist es einfach besser, eben nicht spontan auf etwas zu antworten. Und bevor Sie sich in solchen Situationen überrumpeln oder zu unbedachten Äußerungen hinreißen lassen, ist es besser, die ganze Sache zu vertagen. Und hier kommt dann die Aufschiebe-Technik ins Spiel. Damit können Sie sofort eine Antwort liefern, ohne auf den Inhalt einzugehen.

Die Aufschiebe-Technik wird sehr oft in Preisverhandlungen eingesetzt. Statt sich sofort auf eine Kondition festzulegen, wird die Chance genutzt, darüber in Ruhe nachzudenken und möglicherweise eine passende Lösung später parat zu haben.

Mit dem Ex-Freund im Kaufhaus

Beim Einkaufen begegnet Carola Ihrem Ex-Freund Jürgen. Angriffslustig beginnt Jürgen zu lästern: „Na, von Deiner Figur her hast Du Dich ja nicht zum Besseren verändert – oder?“ Carola bleibt ruhig und widersteht der Versuchung, sofort zurückzugiften. Stattdessen antwortet Sie ironisch: „Weißt Du was: Denk Du noch über Deine Frage nach, ich denk über meine Antwort nach und dann gebe ich Dir vielleicht beim nächsten Mal eine Antwort.“ Carola schiebt den Einkaufswagen weiter und lässt Jürgen stehen.

Bei einigen Gelegenheiten können Sie die Aufschiebe-Technik sogar in ironischer Weise verwenden. Aber beachten Sie in diesem Fall die Gesprächsatmosphäre.

Sofort-Tipp

Gewöhnen Sie sich an, in Situationen, in denen Sie sich überrumpelt fühlen oder sich unsicher sind, ob Sie einen Wunsch ausschlagen können, sofort die Aufschiebe-Technik zu nutzen.

Achten Sie jedoch darauf, diese Technik nicht allzu häufig einzusetzen, andernfalls erwecken Sie den Eindruck, alles auf den „St. Nimmerleinstag“ zu schieben.

- „Wie stehen Sie dazu, dass die Sache völlig schief gelaufen ist?“
  „Sie haben sicher Verständnis dafür, dass ich mich erst einmal über alle Details informieren möchte, um mir ein Bild davon zu machen. Anschließend werde ich mich gern dazu äußern.“
- „Was haben Sie sich nur dabei gedacht!?“
  “Tja, darüber muss ich wohl mal nachdenken. Ich sage Ihnen dann Bescheid, sobald ich es weiß.“ (Achtung, ironisch!)

Auf den Punkt gebracht

Es kann Sie niemand zwingen, sofort eine Antwort zu geben. Und: bevor Sie eine aggressive oder gar patzige Antwort geben, sollten Sie sich die Zeit nehmen. Aber achten Sie darauf, dass Sie sich nicht um die Antwort „drücken“, sondern dass Sie klar Stellung nehmen. Eine Antwort darf Ihr Gegenüber erst dann erwarten, wenn Sie bereit dafür sind.

Umlenkungs-Technik

Häufig begegnen Sie Menschen, die grundsätzlich „dagegen" sind – die herumnörgeln und stets erst einmal auf Risiken und potenzielle Schwierigkeiten hinweisen. In solchen Fällen gilt es, der negativen Aussage auch positive Aspekte abzugewinnen. Überlegen Sie, welche Absichten sich hinter dem Nörgeln verstecken und fragen Sie danach.

- „Ihre Ausführungen zum Projektverlauf sind sehr mangelhaft und völlig unausgegoren!"
  „Auf welche Punkte des Projekts würden Sie denn gerne noch stärker eingehen?"
- „Das müssen Sie aber noch mal komplett überdenken!"
  „Was müsste denn Ihrer Meinung nach getan werden, um die positiven Aspekte noch stärker zu verdeutlichen?"
- „Ich bin da überaus skeptisch und befürchte, dass die Wirkungen weit hinter den Erwartungen zurückbleiben!"
  „Wie können wir denn Ihrer Meinung nach sicherstellen, dass die Wirkung auch den Erwartungen entspricht?"

Auf den Punkt gebracht

Die Umlenkungstechnik kann in einem Satz beschrieben werden: „Vom Problem zur Lösung." Finden Sie heraus, welcher Wunsch hinter einer Kritik stecken kann oder stecken könnte, und gehen Sie auf diesen Wunsch ein!

Die Nicht-auf-diesem-Niveau-Technik

Bei manchen Kontroversen geht es hitzig zu. Ob es um eine unpassende Wortwahl oder um Beleidigungen geht: in jedem Fall sollten Sie sich dagegen wehren, stillos angegriffen zu werden. Und tatsächlich ist es eine wirkungsvolle Schlagfertigkeitsstrategie, sich ausdrücklich nicht auf das niedrige Niveau eines in Rage geratenen Angreifers herabzulassen. Sie wollen souverän deeskalieren, anstatt einfach zurückzukeifen. Das zeugt von Souveränität und Stil, schlichtweg von guten Manieren, die der andere leider vermissen lässt. Auf diese Weise geben Sie eine positive Visitenkarte von sich selbst, und der Angreifer schießt ein Eigentor, wenn er auf Ihr Friedensangebot nicht eingeht.

!

Sofort-Tipp

Unterscheiden Sie Sachebene und Beziehungsebene. Diskutieren Sie hart in der Sache, aber achten Sie darauf, dass die Beziehungsebene gewahrt bleibt.

Wichtig ist bei dieser Technik, dass Sie nicht verärgert reagieren, sondern das Weiterkommen, die Sache im Auge behalten.

- „Das ist doch hirnrissig, was Sie hier von sich geben!"
  „Bitte nicht in diesem Ton. Oder glauben Sie wirklich, dass wir so eine Einigung erzielen können?"
- „Ihre Abteilung ist doch ein einziger Sauhaufen!"
  „Bringt uns das weiter, so miteinander zu sprechen?
  Ich bezweifle doch sehr, dass wir so einer Lösung näher kommen."

- „Was Sie da von sich geben, ist doch alles totaler Dreck!"
  „Sie haben sich offensichtlich nicht unter Kontrolle. Wir brechen das Gespräch an dieser Stelle besser ab und vertagen es, bis Sie sich wieder gefangen haben."

Auf den Punkt gebracht

Schlagfertige Antworten sollten Niveau haben. Wenn Ihr Gesprächspartner den nötigen Stil vermissen lässt, sollten Sie durch eine entsprechende Antwort zeigen, dass Sie sich nicht auf dieselbe Ebene begeben werden.

Die Abgrenzungs-Technik

Immer, wenn Ihr Gesprächspartner etwas über Sie sagt, gibt er durch seine Aussage stets auch etwas über sich preis. Und an dieser Stelle greift die Abgrenzungs-Technik. Stellen Sie sich eine entscheidende Frage: „Was sagt mein Gesprächspartner oder Angreifer durch seine Aussage über sich selbst aus?" Diese Frage klingt zunächst einfach, doch in der entsprechenden Situation neigen wir dazu, uns erst einmal mit der gegen uns gerichteten Aussage zu beschäftigen. Die Folge: wir verteidigen oder rechtfertigen uns. Bei der Abgrenzungs-Technik steht jedoch der Andere im Mittelpunkt. Achten Sie also auf seine Selbstmitteilung.

Das süße Buffet

Die Weihnachtsfeier ist in vollem Gange. Herr Schmidt bedient sich fröhlich am süßen Buffet, als Frau Fuchs ihn neckt: „Sie sind ja gierig!". Herr Schmidt lächelt und antwortet: „Na, Frau Fuchs, haben Sie Angst, zu kurz zu kommen?"

Herr Schmidt könnte die Aussage „Sie sind ja gierig!" natürlich auch auf sich beziehen. Er hat jedoch darauf geachtet, was Frau Fuchs über sich aussagt. Und hier kann er einiges hineininterpretieren. Vielleicht etwas wie: „Ich habe Angst, zu kurz zu kommen." oder „Mir ist es wichtig, dass niemand mehr als die Anderen bekommt." oder „Ich befürchte, dass ich arm gegessen werde." Je nachdem, welche Selbstmitteilung Herr Schmidt nun heraushört, wird seine Antwort unterschiedlich ausfallen.

Für eine passende Antwort ist es oft hilfreich, einleitende Worte wie: „Du scheinst ja ..." oder „Sie scheinen ja ..." zu verwenden. Die Abgrenzungs-Technik ist eine der stärksten Techniken überhaupt. Wenn Sie diese Technik beherrschen, wird Sie nichts mehr so leicht aus der Bahn werfen. Trainieren Sie täglich, damit umzugehen.

!

Sofort-Tipp

Mit der Selbstmitteilung brauchen Sie nicht nur dem Anderen etwas Negatives zu unterstellen. Sie können die Selbstmitteilung auch nutzen, um dem Anderen eine positive Absicht (auch wenn dies nicht so gemeint war) zu unterstellen.

Die Abgrenzungs-Technik bewahrt Sie also vor der Rechtfertigungsfalle und sichert Ihre Souveränität. Schließlich reden Sie ja nicht über sich, sondern über den Anderen. Achtung: Wenn Sie zu oft negative Selbstmitteilungen einsetzen, könnten Ihre Antworten arrogant wirken.

- „Ihre Präsentation ist ja optisch kein Leckerbissen!"
  "Oh, da scheinst Du einen anderen Geschmack zu haben." (neutrale Aussage) – „Oh, sprichst Du das jetzt an, weil Du es nicht schaffst, den Inhalt schlecht zu machen?" (negativ) – „Schön, dass Du mir so offen deine Meinung sagst. Was sollte ich denn Deiner Meinung nach ändern." (positiv)
- „Das ist aber teuer."
  „Aha, Sie haben also schon eine Vorstellung, wie viel Sie ausgeben möchten." (neutral) – „Hoppla, da sind Sie offensichtlich knapp bei Kasse." (negativ) – „Gut, dass Sie das so ehrlich sagen. Sie möchten also eher weniger ausgeben? …" (positiv).

Auf den Punkt gebracht

In jeder Aussage steckt auch etwas über Ihren Angreifer. Beziehen Sie die Aussage nicht auf sich selbst, sondern überlegen Sie, was Ihr Gegenüber damit über sich aussagt.

Die Judo-Technik

Wie der Name schon sagt, wird hier wie bei der Selbstverteidigung vorgegangen: Ein Angriff wird nicht im herkömmlichen Sinne einfach nur abgewehrt, sondern führt geradewegs auf den Angreifer zurück. Damit schadet er nicht Ihnen, sondern nur sich selbst.

Die Nerven liegen blank

Herr Winter ist empört. Lauthals verkündet er: „Frau Wolle, Ihre ganze Art geht mir auf die Nerven!" Frau Wolle antwortet: „Sie erscheinen mir etwas aggressiv, Herr Winter. Wo liegt denn Ihr Problem?"

In hitzigen Gesprächen gelingt die Technik sogar besonders gut, wenn der Gesprächspartner zu unfairen Mitteln greift und Sie als Person treffen oder diskreditieren will. Doch genau auf solche Angriffe gehen Sie gar nicht erst ein. Stattdessen lenken Sie den Hieb des Angreifers auf seine Person beziehungsweise seine emotionale Verfassung zurück oder fassen seine Bemerkung sehr sachlich und prägnant zusammen. So halten Sie jeden Angreifer auf Distanz, denn ganz gleich, was Ihr Gegenüber auch sagt: Schreiben Sie es seiner emotionalen Verfassung zu.

! **Sofort-Tipp:**

Finden Sie eine Rettungsfrage (im Idealfall eine W-Frage), die Sie immer verwenden können, um Ihren Gesprächsbeitrag zu beenden.

Die Judo-Technik hat Ähnlichkeiten mit der Abgrenzungs-Technik, jedoch wird bei ihr vor allem auf die Gefühlsebene eingegangen.

- „Was Sie da sagen, ist doch völliger Blödsinn!"
  „Sie haben offensichtlich ein Problem damit. Was bringt Sie denn so in Rage?"
- „Sie haben da gewaltigen Mist gemacht!"
  „Worüber ärgern Sie sich denn genau?"
- „Mit Ihrer Argumentation kann ich nichts anfangen!"
  „Sie sehen die Sache eben anders. Was stört Sie denn?"

Auf den Punkt gebracht

Bei der Judo-Technik gehen Sie auf die Gefühlsebene ein. Allerdings teilen Sie nicht mit, wie Sie sich fühlen, sondern wie sich wohl der andere im Moment fühlt. Damit ist die Aufmerksamkeit nicht mehr bei Ihnen, sondern bei Ihrem Angreifer.

Die Analytiker-Technik

Diese Technik ist besonders geeignet, wenn Zahlen oder Fakten verdreht werden. Ein Fall, der in der Berufs- und Geschäftswelt leider recht häufig vorkommt.

Eine amerikanische Studie

Herr Born steht in der Kritik. Doch er hinterfragt die Kritik. Gerade setzt sein Kontrahent, Herr Wagner, an: „Wie eine amerikanische Untersuchung beweist, ..." Herr Born hakt nach: „Wo, von wem und wann wurde die Untersuchung durchgeführt?" und gleich darauf: „Kennen Sie noch andere Untersuchungen zu dem Thema?" Herr Wagner versucht, die Details zu rekapitulieren.

Besondere Aufmerksamkeit und Skepsis sind immer dann gefordert, wenn Sie mit Zahlen und Statistiken geradezu überschüttet werden. Lassen Sie sich hierdurch nicht beeindrucken, sondern gehen Sie analytisch vor – überprüfen Sie erst einmal alles auf die tatsächliche Aussagekraft und Tragfähigkeit. Akzeptieren Sie keine pauschalen Behauptungen.

- „90 Prozent unserer Kunden sind überaus zufrieden mit dem Produkt."
  „Also sind zehn Prozent unzufrieden?"
- „99 Prozent unserer Kunden sind überaus zufrieden."
  „Wie haben Sie denn die Kundenzufriedenheit gemessen?"
- „Wissenschaftliche Experten bescheinigen uns höchste Fachkompetenz."
  „Das klingt gut. Ich habe nur zwei Fragen dazu: Wer sind diese Experten? Und von welchem Institut kommen sie?"

Auf den Punkt gebracht

Viele Behauptungen können Sie hinterfragen. Besonders dann, wenn es um Verallgemeinerungen geht oder wenn Quellen nicht erwähnt werden. Doch Vorsicht: Setzen Sie diese Technik sparsam ein. Denn Sie möchten ja nicht als Erbsenzähler gelten.

Zitate verleihen Ihrem Geist Flügel

Die beschriebenen Schlagfertigkeitsstrategien sind Ihnen eine zuverlässige Hilfe, wenn es darum geht, sich selbst und die eigenen Positionen in Gesprächen und Diskussionen zu behaupten. Sie alle haben gemeinsam, dass sie schon mit ein wenig Übung effektiv anwendbar sind und so der eigenen Souveränität zugute kommen.

Doch wer einmal begonnen hat, sich mit dem Thema Schlagfertigkeit zu beschäftigen, und bereits erste Erfolge feiern konnte, möchte oft noch einen Schritt weiter gehen und von der Pflicht zur Kür wechseln. Und an dieser Stelle kommen Zitate ins Spiel. Passende Zitate sind so etwas wie das Salz in der Suppe und geben Gesprächen eine besondere Würze. Wer auf seinen ganz persönlichen Zitatenschatz zugreifen kann, erscheint zugleich immer sehr gebildet, geistreich und wortgewandt. Der Gebrauch von treffenden Zitaten bringt darüber hinaus noch einen weiteren, nicht zu unterschätzenden Vorteil mit sich: Kaum jemand wird einem guten Zitat widersprechen. Denn wer will sich schon mit Goethe, Einstein und Denkern ähnlichen Formats anlegen? Wer also in brenzligen Situationen mit einem guten Zitat kontert, macht sich damit die Aura des berühmten Urhebers zunutze. Und das Beste: Der Fundus brillanter Zitate, Sprichwörter, Weisheiten und Aphorismen ist unerschöpflich.

Vor der großen Urlaubsreise

Frau Bierbaum müht sich in der Mittagspause mit ihrem mitgebrachten Italienisch-Kursbuch ab, denn schließlich ist ihr nächstes Urlaubsziel Italien. Frau Schmitz bemerkt süffisant: „Sie scheinen mir ja nicht besonders begabt zu sein." Frau Bierbaum antwortet gut gelaunt: „Da bin ich immerhin in guter Gesellschaft. Schon Albert Einstein sagte: Ich habe keine besondere Begabung, sondern bin nur leidenschaftlich neugierig. Lassen Sie mir doch ruhig meine Neugierde auf Italien!"

Der Gebrauch von Zitaten bringt also – solange man es nicht übertreibt – ausschließlich Vorteile mit sich. Es gibt nur einen Haken an der Sache – das Zitat muss passen, und das gleich in dreifacher Hinsicht: Es muss zur Situation passen, zu Ihrer Persönlichkeit und es muss der Zeitpunkt stimmen. Denn auch das beste Zitat nützt Ihnen gar nichts, wenn es Ihnen nicht rechtzeitig einfällt.

> **!** Je besser ein Zitat zu Ihnen persönlich passt, umso leichter wird es Ihnen fallen, es auch im richtigen Moment anzuwenden.

Legen Sie sich doch die eine oder andere Zitaten-Sammlung zu oder durchforsten Sie das Internet, hier können Sie kostenlos auf diverse gut sortierte Datenbanken dieser Art zugreifen. Schon nach kurzer Zeit werden Sie eine Vorliebe für bestimmte Autoren entwickeln. Und genau dies hilft Ihnen, sich die Aussprüche einzuprägen.

Wenn Sie schließlich einige Verfasser von Zitaten bevorzugen, ist es übrigens mehr als empfehlenswert, sich auch elementare biografische Daten einzuprägen. Denn stellen Sie sich dafür die folgende Situation vor: Bei der Arbeit neckt Sie ein Kollege damit, dass Sie mit einer kniffligen Aufgabe nicht vorwärts kommen: Ob Du vor Weihnachten noch damit fertig wirst? Ihre Antwort: „Nur wer bereit ist zu helfen, darf auch kritisieren – das wusste schon Abraham Lincoln." Bis hierhin ein guter Konter mit einem schönen Zitat. Doch nun ist es durchaus denkbar, dass der Kollege wie folgt antwortet: „Guter Spruch! Wann hat Lincoln überhaupt gelebt?" Alle positiven Effekte sind jetzt natürlich mit einem Schlag dahin, wenn Sie nun ins Stottern kommen und auf dem Schlauch stehen (Abraham Lincoln, der 16. Präsident der USA, wurde 1809 geboren und 1865 ermordet.). Der Umgang mit Zitaten setzt also auch ein gewisses persönliches Interesse an der Person hinter dem Zitat voraus.

Optimal sind also schlicht und einfach Zitate, die Ihnen gut gefallen und die von einem Verfasser stammen, der Ihr Interesse weckt. Nehmen Sie daher Ihren persönlichen Geschmack als Ausgangspunkt für Ihre Suche nach Zitaten. Probieren Sie es zum Einstieg beispielsweise mit einem Autor, von dem Sie bereits Zitate kennen, die Ihnen gefallen, und schauen Sie nach weiteren Zitaten von ihm. Wenn Sie etwas von oder über Ihren Zitatenlieferanten lesen, lohnt es sich, hierbei mit besonderer Aufmerksamkeit auf Autoren zu achten, die wiederum von Ihren Favoriten zitiert werden. Auf diese Weise können Sie noch einige Schätze entdecken, die genau Ihrem Geschmack entsprechen.

!

Sofort-Tipp

Achten Sie auch auf Kontrahenten der Person, die Sie gern zitieren, denn so lernen Sie obendrein auch noch die Gegenpositionen kennen. Und vielleicht nutzen Sie auch einmal die Möglichkeit, Zitate, die auf den ersten Blick nicht zu Ihnen passen, ganz bewusst zu verwenden, um Erwartungen zu unterlaufen und einen besonderen Überraschungseffekt zu erzielen.

Nun ist Zitat nicht gleich Zitat. Sie lassen sich nach Art und Herkunft bestimmten Kategorien zuordnen. Hier eine Übersicht:

- Sehr naheliegend sind in jedem Falle **Sprichwörter und Redensarten**. Diese sind den meisten Menschen geläufig, allgemein verständlich, schnell zur Hand und in der Regel einfach anzuwenden. Der Nachteil: Sie sind oft nicht besonders originell, und der Überraschungseffekt ist gering – denn jeder kennt sie zu Genüge. Darunter leidet unter Umständen die Schlagfertigkeit, was aber zum Beispiel durch überraschende Assoziationen oder kreative Abwandlungen wieder wettgemacht werden kann.

Aufschieberitis

Herr Schmidt ist leicht verärgert über das erneute Nachfragen von Frau Müller zu den Planzahlen. Er hatte vor, es am Nachmittag oder irgendwann zu erledigen, und bringt hierfür lange Erklärungen. Frau Müller kontert: „Wissen Sie, Herr Schmidt, es gibt so ein Sprichwort: ‚Was du heute kannst besorgen, das verschiebe nicht auf morgen.' Meinen Sie, Sie könnten mir heute noch die Zahlen schicken? Sie würden mir sehr damit helfen.".

- Nicht ganz so geläufig, aber von der Charakteristik her ähnlich, sind **Bauernregeln und alte Weisheiten**. Sie überzeugen zumeist durch ihre Allgemeingültigkeit, Langlebigkeit und weitgehende Unantastbarkeit. Wer will schon ernsthaft einer tausend Jahre alten chinesischen Weisheit widersprechen?

Daniels Bauernregeln

Daniel schläft gerne etwas länger und ist nicht gerade der Schnellste. Aber er hat sich einige Weisheiten und Bauernregeln zurechtgelegt, auf die er zur Not zurückgreifen kann. Von „Gut Ding will Weile haben." bis zu „Wer schläft, der sündigt nicht." Es ist kaum verwunderlich, dass die meisten seiner Zitate das Thema Schnelligkeit und Schlaf betreffen.

- Ganz anders hingegen verhält es sich mit **Zitaten von sogenannten Prominenten**, also Stars und Sternchen des aktuellen Tagesgeschehens. Diese sind zwar häufig sehr amüsant. Allerdings entbehren sie in den überwiegenden Fällen einer echten Autorität. Zudem sind prominente Menschen manchmal auch recht streitbare Personen, sodass hier die Auswahl mit einiger Vorsicht erfolgen sollte. Für einen guten (schlagfertigen) Gag sind solche Zitate aber allemal gut, und manchmal durchaus auch für mehr. Doch haben sie für sich genommen inhaltlich oft nur wenig Überzeugungskraft. Hier profitieren Sie eher von der Originalität der Aussage oder vom Humorfaktor des Urhebers.

- **Worte historischer Persönlichkeiten** haben wiederum eine sehr große Autorität. Allein der Umstand, dass diese Worte über so lange Zeit überliefert wurden und wir den Verfasser immer noch – möglicherweise sogar noch nach vielen Jahrhunderten – kennen, verleiht den Aussagen Ansehen und Geltung. Hier können Sie zudem auch in vielen Fällen mit Zusatzinformationen zur Entstehung und zu den Begleitumständen der Aussage punkten. Gerade die historischen Zusammenhänge decken oft interessante Aspekte auf. Zu beachten ist hierbei jedoch, dass Ihnen der Bezug auf historische Persönlichkeiten auch als etwas altbacken und konservativ ausgelegt werden kann.

Zu spät oder nicht zu spät

In der Diskussion geht es hoch her. Herr Maier giftet: „Jetzt ist eh alles zu spät." Herr Schulz kontert trocken: „Oh, oh, die Würfel sind gefallen. Aber nicht für das ganze Projekt …"

- Das **literarische Zitat** ist selbstverständlich etwas ganz Besonderes. Es lebt von der Poesie und der Prägnanz der Formulierung und überzeugt durch die bildhafte Sprache. Selbst simple Gedanken klingen aus Schillers oder Goethes Mund oft gleich viel überzeugender.

Diese Stärken eines literarischen Zitats stellen aber gleichzeitig auch Schwierigkeiten für die Verwendung dar. Denn gerade sehr poetische, sprachlich anspruchsvolle Zitate lassen sich nicht so ohne Weiteres in einen Gesprächs- oder Redezusammenhang einbinden. Außerdem kann es auch sein, dass solch ein Zitat vom Gesprächspartner oder Zuhörer nur schwer zu verstehen ist, da die literarische Sprache nicht immer gleich beim ersten Hören vollständig erfasst werden kann. Allerdings gibt es etliche literarische Zitate – man denke nur an Oscar Wilde oder Mark Twain –, die sehr leicht von der Zunge gehen, die sehr einprägsam und gleichzeitig auf spitzfindige Art anspruchsvoll sind.

Problematisch kann es dagegen möglicherweise werden, wenn literarische Zitate fiktionalen Zusammenhängen entnommen sind. Somit kann von Ihrem Gegenüber durchaus mit Recht angezweifelt werden, welchen Wert eine fiktive Aussage für die Wirklichkeit hat. Auch die Frage der Autorität ist unklar. Denn bloß weil ein Satz einer literarischen Figur in den Mund gelegt wird, heißt das noch lange nicht, dass er auch die Meinung des Dichters widerspiegelt. Ist die ausgewählte Figur zum Beispiel ein Gegenspieler des Protagonisten, kann deren Aussage auch das genaue Gegenteil der Meinung des Dichters sein.

Sofort-Tipp

Auch wenn wir und unsere Gesprächspartner es damit meist nicht so genau nehmen, sollten Sie sich der oben stehenden Punkte bewusst sein. Denn wenn jemand Ihnen inhaltlich nichts mehr entgegenzusetzen hat, stürzt er sich vielleicht gern auf diese Formalien.

- Das **Zitieren von Philosophen** setzt meist einen bestimmten Bildungsgrad bei den Anwesenden voraus, allein schon, um den zitierten Philosophen überhaupt zu kennen, und letztlich auch, um das Zitat wirklich zu verstehen. Die Autorität eines zitierten Philosophen ist nun allerdings ebenso groß wie angreifbar. Die Philosophie lebt von der steten Auseinandersetzung der verschiedenen Standpunkte. Es gibt keine philosophische Strömung, zu der es nicht auch eine Gegenströmung gäbe. Dessen muss man sich bewusst sein. Denn ein unreflektierter Einsatz solcher Zitate kann rasch zum Fehlschlag werden. Gerade bei Philosophen läuft man schnell Gefahr, ein Zitat falsch wiederzugeben bzw. so aus dem Zusammenhang zu reißen, dass eine vollkommen andere Aussage entsteht, als vom Autor selbst beabsichtigt. Auch fällt es nicht immer leicht, die richtigen Schlussfolgerungen und Interpretationen aus den kurzen Textstellen zu ziehen. Denn philosophische Gedankengänge sind in der Regel weit verzweigt und nicht auf kurzem Wege nachzuvollziehen. Hier ist also Vorsicht geboten. Denn schnell steht unter Umständen jemand bereit, der den Originaltext gelesen hat und es besser weiß als Sie.

- Die **Verwendung von Anekdoten** dient zumeist der bildlichen Veranschaulichung von Gedanken und Argumenten oder dem Unterstreichen einer Aussage. Sie wirken also weniger argumentativ als viel mehr illustrativ. Das kann aber ebenfalls sehr überzeugend sein. Außerdem beleben sie bei passendem Einsatz das Gespräch oder die Rede, was wiederum Ihrer persönlichen Überzeugungskraft zuträglich ist. Hier spielt die Autorität des Urhebers kaum eine Rolle, entscheidender ist, ob die Anekdote wirklich passt, gut erzählt ist und eine gute Pointe hat.

- Selbstverständlich darf auch jedermann **sich selbst zitieren** – sei es, dass Sie aus einer eigenen Veröffentlichung, aus einem zurückliegenden Gespräch, einem gehaltenen Vortrag oder ähnlichen Quellen. Wichtig ist nur, dass es sich wirklich um ein gutes und treffendes Zitat handelt. Überzeugen müssen hierbei der Inhalt und die Prägnanz der Aussage, denn nur wenige Menschen haben einen Status, der es ihnen erlaubt, ihre Argumentation mit der Autorität der eigenen Person zu untermauern. Und alle anderen haben zumindest die Möglichkeit, mit Eigenzitaten Humor zu beweisen und ironisch mit Ihnen umzugehen.

Sehen Sie sich diese unterschiedlichen Typen von Zitaten in Ruhe an, überlegen Sie sich einige Beispiele dazu oder ordnen Sie die Zitate dieses Buches den einzelnen Kategorien zu. Dabei werden Sie merken, welche Art des Zitierens Ihnen am meisten liegt, mit welchen Zitaten Sie sicher umgehen können und sich wohl fühlen.

Schlagfertigkeit – Training ist alles!

Wer von sich behauptet „Ich kann nicht kochen", mag damit zunächst nicht ganz falsch liegen. Doch in allen Fällen lässt sich hinzufügen, dass derjenige es dann wohl auch noch nie versucht hat, dass er es nie gelernt und vermutlich auch keinen Spaß daran hat. Ganz so verhält es sich bei der Schlagfertigkeit, auch sie fällt nicht Himmel, sondern ist nichts anderes als das Ergebnis von Übung in Verbindung mit der Freude an der Sprache.

Nun verfügt jeder erwachsene Mensch über weit mehr als nur elementare Grundkenntnisse des wichtigsten Werkzeugs der Schlagfertigkeit – der Sprache. Somit ist es gar kein weiter Schritt mehr, sich hier durch etwas Übung echte Schlagfertigkeit anzutrainieren. Wer die Sache spielerisch und unverkrampft angeht, kann schon in kurzer Zeit ganz beachtliche Ergebnisse erzielen. Entscheiden Sie also selbst, ob Sie sich die Grundlagen der Schlagfertigkeit aneignen oder noch darüber hinaus gehen wollen.

Etwas Motivation vorausgesetzt, liegt es tatsächlich an nichts anderem als an der Übung. Die nachfolgenden Trainingseinheiten sind dabei mehr als nur eine Trockenübung, denn ähnliche Situationen werden Sie alltäglich erleben. Wenn Sie dieses Buch bis hierhin gelesen haben, sind Sie bereits tief in das Thema eingedrungen. Jetzt ist es also an der Zeit für konkrete Übungen. Gehen Sie jedoch unbedingt noch einen Schritt weiter und nutzen Sie Ihre Erkenntnisse umgehend in der Praxis. Sie brauchen sich gar nicht länger nur mit der Theorie aufzuhalten, sondern können sofort damit beginnen, das Erlernte nach und nach in die Praxis zu transferieren! Beginnen Sie vielleicht mit unverfänglichen Situationen im Freundeskreis und erweitern Sie Ihren Aktionsradius unaufhörlich weiter. So erlangen Sie Sicherheit im Umgang mit Ihrem Werkzeugkoffer schlagfertiger Techniken und werden schließlich auch in der Lage sein, selbst in brenzligen Situationen mühelos auf Ihr Repertoire zurückgreifen zu können.

Schlagfertigkeit in typischen Situationen

Übung 1

Während einer Diskussion mit Arbeitskollegen folgt von einem Teilnehmer auf Ihre Stellungnahme die folgende Bemerkung: „Haben Sie nicht noch vor wenigen Wochen genau das Gegenteil behauptet?" Und der Teilnehmer hat sogar völlig recht mit seiner Anmerkung. Wie können Sie die Situation mit einer schlagfertigen Antwort retten?

Übung 2

Sie treffen sich mit Freunden und sprechen über Ihr Hobby. Plötzlich spricht einer Ihrer Freunde dazwischen: „Mensch, das haben wir doch alle schon hundertmal gehört!" Was fällt Ihnen ein, um sich aus der Affäre zu ziehen?

Übung 3

In einem Geschäftsgespräch geben Sie eine ausführliche Stellungsnahme zu Ihren Ansichten ab. Schließlich fragt Sie Ihr Gegenüber gereizt: „Sind Sie wirklich überzeugt davon, was Sie gerade gesagt haben? Ich hätte Sie für intelligenter gehalten." Was fällt Ihnen auf diese freche Bemerkung als mögliche Antwort ein?

Übung 4

Bei der Hinweis-Frage-Technik fangen Sie mit einem Hinweis die Aussagen Ihres Gegenübers auf und sorgen durch eine passende Frage dafür, dass Sie die Gesprächsführung übernehmen.

Überlegen Sie, welche Antwortkombinationen (Hinweis + Frage) zu den getroffenen Aussagen passen können!

- 1. Ihre Kleidung ist unpassend.
- 2. Sie sind ziemlich unverschämt.
- 3. Schämen Sie sich!
- 4. Weshalb müssen Sie immer das letzte Wort haben?
- 5. Geht das nicht schneller?
- 6. Sie lügen.
- 7. Ihr Vorgänger konnte sich schneller einarbeiten.

Hinweis

a) Das erstaunt mich.

b) Mir gefällt sie.

c) Das ist eine harte Aussage.

d) Sie verlangen ja einiges von mir.

e) Offensichtlich ärgert Sie das.

f) Interessant, dass Sie das sagen.

g) Ich arbeite konzentriert.

Frage

A) Was bezwecken Sie mit Ihrer Aussage?

B) Wäre es besser, ich schweige?

C) Was stört Sie daran?

D) Was ärgert Sie denn?

E) Warum sagen Sie so etwas?

F) Sie sind doch sicher daran interessiert, dass die Arbeit ordentlich gemacht ist – oder?

G) Wie kommen Sie darauf?

Übung 5

Sie haben einem Kunden ein Angebot erstellt. Im persönlichen Gespräch sagt der Kunde: „Wir haben ein Angebot eines Ihrer Konkurrenten vorliegen, dass fast ein Drittel unter Ihrem Preis liegt." Wie reagieren Sie?

Wortschatz erweitern

Übung 6

Welche anderen Worte – Synonyme - fallen Ihnen anstelle von „übertreiben“ ein?

Übung 7

Finden Sie Adjektive, die Sie anstelle des Wortes „schön“ verwenden könnten. Verwenden Sie während der nächsten Tage nicht mehr „schön“, sondern das Synonym.

Übung 8

Ein Gesprächspartner redet viel zu laut und insgesamt aggressiv. Er ist ...?

Übung 9

Sie haben sich ein Konzert angehört und waren durchweg fasziniert. Welche Substantive passen zum Erlebnis?

Übung 10

In einer Diskussion zielt ein Teilnehmer unaufhörlich am Thema vorbei. Alles, was er sagt, tut überhaupt nichts zur Sache. Es ist ...

Zitate bringen es auf den Punkt

Übung 11

In einem privaten Gespräch unter Freunden fällt einer im Kreis plötzlich aus der Rolle und greift Sie verbal an. Fallen Ihnen passende Zitate ein, die Sie hier zum Einsatz bringen könnten?

Übung 12

Ein Arbeitskollege bauscht eine missglückte Aktion auf, an der auch Sie beteiligt waren. Mit welchen Zitaten können Sie ihm den Wind aus den Segeln nehmen?

Übung 13

Sie geraten in eine peinliche Situation und wollen sich durch ein passendes Zitat aus der Affäre ziehen. Fallen Ihnen geeignete Zitate ein?

Lösungen

Übung 1

- „Da kann ich Ihnen nur zustimmen, muss aber mit Adenauer ergänzen: Was kümmert mich mein Geschwätz von gestern."
- „Heute berichte ich von meinem letzten Wissensstand, damals von meinem vorletzten."
- „Da können Sie mal wieder sehen, in welch kurzer Zeit ich hinzulerne!"
- „Ich werde eben täglich klüger!"

Übung 2

- „Ich werde eben alt. Aber zum Glück passt Du ja darauf auf, dass ich mich nicht dauernd wiederhole."
- „Du weißt doch: Der Verstand liebt die Abwechslung, das Herz die Wiederholung."
- „Das habt Ihr schon hundertmal gehört? Aber nicht von mir!"

Übung 3

- „Vielen Dank für die Lorbeeren! Und wenn Sie mich richtig verstanden hätten, könnten Sie weiterhin bei Ihrer ursprünglichen Meinung bleiben."

- „Woran hapert es denn Ihrer Meinung nach? Für einen guten Tipp bin ich jederzeit aufgeschlossen."
- „Durch und durch bin ich überzeugt davon. Und ich werde ich Ihnen das gern noch mal in Worten erklären, die auch Sie verstehen."

Übung 4

1bC, 2fD, 3dE, 4eB, 5gF, 6cG, 7aA

Übung 5

- „Diese Zahlen kann ich leider nicht bewerten, weil ich die Rahmenbedingungen des anderen Angebots nicht kenne. Ich werde Ihnen aber gern noch mal erklären, wie sich unser Preis zusammensetzt."
- „Dazu kann ich nichts sagen, denn ich kenne das andere Angebot nicht im Detail. Wenn Sie möchten, können wir die Angebote jedoch gerne Punkt für Punkt miteinander vergleichen."

Übung 6

aufblähen, aufblasen, dramatisieren, hochspielen, hochkochen, aufbauschen, an die große Glocke hängen, ausschmücken, dick auftragen, aufdonnern, überladen, überfrachten, protzen, hochstapeln, prahlen, Schaum schlagen.

Übung 7

entzückend, harmonisch, bildschön, wunderschön, makellos, unvergleichlich, blendend, traumhaft, umwerfend, zauberhaft, märchenhaft, prächtig, attraktiv, anmutig, reizend, graziös, betörend.

Übung 8

dreist, unverfroren, unverschämt, pampig, grobschlächtig, taktlos, plump, ungehobelt, ruppig, penetrant, aufmüpfig, vorwitzig, neunmalklug, provokant, hitzig, streitlustig, herausfordernd, destruktiv, unverschämt, unsachlich, diffamierend, unqualifiziert, patzig, vorlaut.

Übung 9

Begeisterung, Beifall, Jubel, Entzücken, Bezauberung, Dynamik, Verve, Euphorie, Hochgenuss, Hochstimmung, Wonne, Ausgelassenheit, Elan, Highlight, Drive, Pep, Wonne, Attraktion, Ohrenschmaus, Höhepunkt.

Übung 10

unzutreffend, redundant, abwegig, ungereimt, absurd, grotesk, lachhaft, einfältig, borniert, haarsträubend, zu bunt, enervierend, deplatziert, blamabel, fantastisch, zum Mäuse melken, skurril, verdreht, befremdlich, bizarr, schrullig, sonderbar, eigenbrötlerisch.

Übung 11

- Oscar Wilde hatte offensichtlich doch Recht, als er sagte: „Ein Mann kann bei der Auswahl seiner Feinde gar nicht vorsichtig genug sein."
- Du weißt doch, man muss sich erst einmal unbeliebt machen, dann wird man auch ernst genommen. (Frei nach Konrad Adenauer: „Machen Sie sich erst einmal unbeliebt, dann werden Sie auch ernst genommen.")
- Jetzt weiß ich, was Mark Twain meinte, als er sagte: „Tiere sind die besten Freunde. Sie stellen keine Fragen und kritisieren nicht."

Übung 12

- Du weißt doch: „Nicht die Tatsachen machen das Leben schwer, sondern unsere Bewertung der Tatsachen." (Epictet)
- Schon Einstein wusste: „Es ist leichter, einen Atomkern zu spalten als ein Vorurteil."
- „Mir scheint, Du schießt hier mit Kanonen auf Spatzen."
- Sie wissen doch: „Je höher die Stellung eines Vorgesetzten, desto mehr Fehler darf er machen. Und wenn er nur noch Fehler macht, dann ist es sein Stil."
  (Fred Astaire)

Übung 13

- „Zum Stolpern braucht es eben nichts als Füße." (Heinrich von Kleist)
- „Wehe dem, der allein ist, wenn er fällt." (Salomon)
- „Tja, das bewahrheitet sich mal wieder das Sprichwort: Wenn etwas schiefgehen kann, dann geht es auch schief."
- „Also: Heute Morgen um sieben war die Welt noch in Ordnung."

Literaturverzeichnis

- Dietrich, Cornelia: Rhetorik – Die Kunst zu überzeugen und sich durchzusetzen. - Berlin: Cornelsen, 2004
- Eisler-Mertz, Christiane: Mit Worten überzeugen – Die gekonnte Gesprächsführung in Beruf und Alltag. - Landsberg am Lech: verlag moderne industrie, 1998
- Etrillard, Stéphane: Gekonnt gekontert – Souverän, schlagfertig und fair in jeder Situation. - Hamburg: Hoffmann und Campe, 2004
- Fey, Gudrun: Gelassenheit siegt! – Mit Fragen, Vorwürfen, Angriffen souverän umgehen. - Regensburg/Berlin: Fit for Business, 2004
- Kenzelmann, Peter: Schlagfertig mit dem richtigen Zitat – Für jede Situation die passenden Worte. - Wien: Linde Verlag, 2006
- Kohlmann-Scheerer, Dagmar: Kontern – aber wie? - Offenbach: GABAL, 2001
- Martini, Anna: Sprechtechnik – aktuelle Stimm-, Sprech- und Atemübungen. - Zürich: Orell Füssli, 2004
- Müller, Meike: Schlagfertig! – Verbale Angriffe gekonnt abwehren. - Niedernhausen/Ts.: Falken Verlag, 2000
- Neumann, Reiner: Schlagfertig reagieren im Job. - Landsberg/Lech: verlag moderne industrie, 2001
- Neumann, R.; Ross, A.: Der perfekte Auftritt – Erste Hilfe für Manager in der Öffentlichkeit. - Hamburg: Murmann Verlag, 2004

Der Autor

Peter Kenzelmann ist Trainer, Redner und Buchautor im Bereich Schlagfertigkeit, Verkaufsförderung und Kundenbindung. Seine Seminare und Vorträge, die er seit 1990 europaweit für unterschiedliche Unternehmen, Verbände und Institutionen durchführt, sind praxisnah und packend. Die Inhalte: sofort umsetzbar. Neben seiner langjährigen praktischen Berufserfahrung als Geschäftsführer eines Einzelhandelsunternehmens bringt er auch das theoretische Rüstzeug mit: Studium der Sozialwissenschaften, Trainerausbildung, Fachqualifizierungen. Sein Motto: Es geht nicht um trockene Theorien, sondern um umsetzbare Impulse.

Impressum:

Verlag C. H. Beck im Internet: www.beck.de
ISBN: 978-3-406-57174-9

Wilhelmstraße 9, 80801 München

Lektorat und DTP: Claudia Wanzke, München
Umschlaggestaltung: Bureau Parapluie, 85253 Großberghofen
Umschlagbild: © Sly/fotolia.de
Druck und Bindung: Druckerei C. H. Beck, Nördlingen
(Adresse wie Verlag)

Gedruckt auf säurefreiem, alterungsbeständigem Papier
(hergestellt aus chlorfrei gebleichtem Zellstoff)